1 用三维塑造你的世界

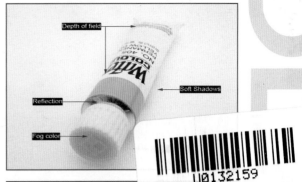

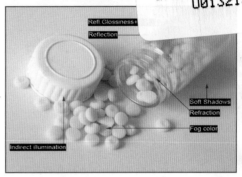

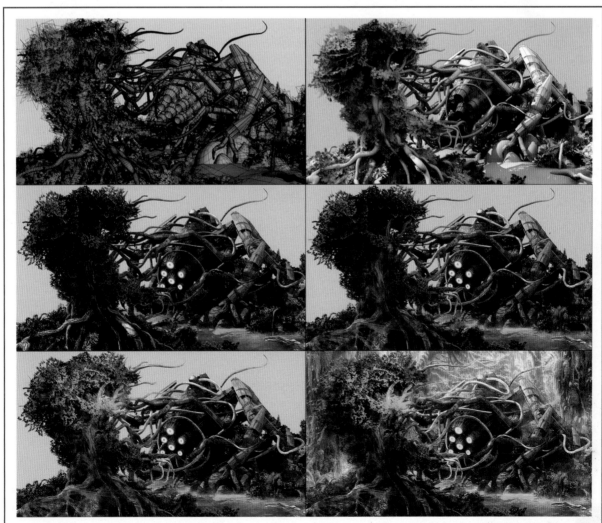

2 宁静的午后

3 音乐之声

4 陶瓷金属质感

5 老船长的桌面

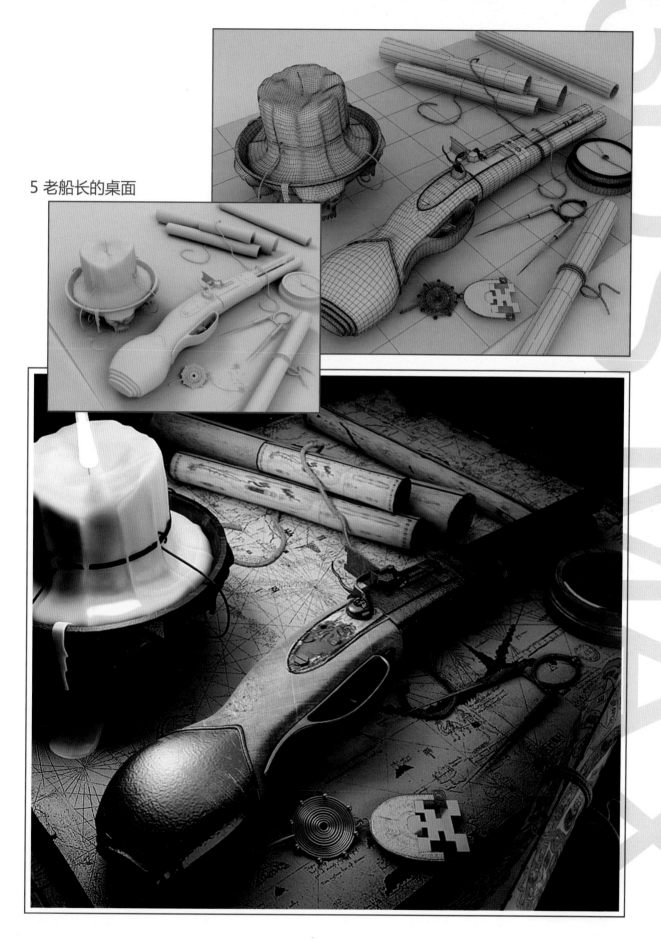

6 玩具总动员

7 摄影机的制作

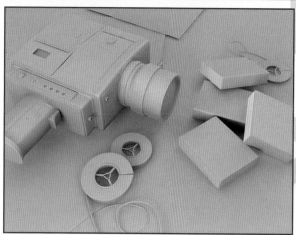

8 戈壁战车制作

3ds max&VRay
静帧表现技法全精通

阎 河　　编著

飞思数码产品研发中心　监制

电子工业出版社
Publishing House of Electronics Industry
北京·BEIJING

内容简介

本书是一本真正意义上的CG技法集，通过七个各具特色的实例，由浅入深地引导读者通过3ds max和VRay实现自己的创作构想。每个实例都由制作重点分析、模型制作、材质、灯光和后期渲染几部分构成，通过流程化的制作使读者能够形成合理的创作习惯，在最短的时间内达到自己满意的效果。本书七个实例都是在国内CG界大获好评的静帧作品。本书配套光盘中除了包括极具艺术价值的源文件和材质贴图外，还容纳了作者亲自录制的视频教程，精选了每章的知识重点进行演示。

本书特别适合CG制作人员阅读，也可作为大、中专院校相关专业师生的参考书使用。

未经许可，不得以任何方式复制或抄袭本书之部分或全部内容。
版权所有，侵权必究。

图书在版编目（CIP）数据

3ds max & VRay静帧表现技法全精通／阎河编著.—北京：电子工业出版社，2008.11
（3D传奇）
ISBN 978-7-121-07116-4

Ⅰ.3… Ⅱ.①胡…②张… Ⅲ.三维－动画－图形软件，3DS MAX、VRay Ⅳ.TP391.41

中国版本图书馆CIP数据核字（2008）第149836号

责任编辑：王树伟　田志虹
印　　刷：中国电影出版社印刷厂
装　　订：三河市皇庄路通装订厂
出版发行：电子工业出版社
　　　　　北京市海淀区万寿路173信箱　邮编：100036
开　　本：889×1194　1/16　印张：17.5　字数：560千字　彩插：4
印　　次：2008年11月第1次印刷
印　　数：5 000　　定价：78.00元　（含光盘2张）

前　言

　　1996年，我初次接触到了3ds max软件。初学的时候，3ds max教学书籍很少，只能凭借翻译英文帮助来获取相关知识。那时去新华书店只能找到一本影印版的图书，介绍得不很全面。当时我想，如果能有一本全程介绍如何制作高水平CG作品的图书该有多好啊！

　　转眼之间，我在CG动画行业中已经工作了十多个年头，这几年中CG技术飞速发展，广泛地应用于多个领域，各个技术论坛里高手云集，因此相关的书籍也就渐渐多了起来。现在书店都有3ds max图书专区，上百种相关图书琳琅满目。可是书虽然多了，却良莠不齐，很难见到全程介绍CG作品制作的精品书。目前的书籍大多是介绍单一领域的技术，比如效果图、建模、动画等。这让我有了写书的打算，希望能写一本让初学者少走弯路的，让有基础的人能快速提高的书，同时也希望能够抛砖引玉，启发其他作者写出更好的书来。

　　本书有几大特点：一是细致，除了书上详尽的文字描述和图片之外还有本书全部内容的配套视频教程，即使是初学者也可以轻松学习；二是完整，本书的实例部分都是从建模开始，然后是材质、灯光，最后渲染，这样读者可以学习到完整的制作流程；三是内容，本书实例选择极具代表性，有室内外场景制作、工业造型制作、卡通玩具制作、写实风景制作等，内容丰富多彩，并且在本书的案例中囊括了笔者们多年来积累下的软件使用技巧和制作经验。

　　基于以上所述的几大特点，本书全面适合各层次各类读者，即使是对3ds max软件比较陌生的读者，也完全没有必要担心看不懂、学不会。完整的视频教程配合书上详细的图文讲解，以及完整的源文件，会让读者使用起来感到非常顺手。本书适用于希望得到全面指导以使自己制作出精美CG作品的读者，并且对于有经验的CG制作者也能够起到参考作用。

　　本书在制作技术上绝无保留，能够使读者在最短的时间内掌握CG静帧的制作技巧。本书使用的是3ds max 2009和VRay 1.5版本，对于习惯使用3ds max低版本，以及VRay 1.093r和VRay 1.4703版本的用户来讲没有技术壁垒，可以通用。本书的服务网站为www.book-cg.cn，我们将一些重要的资料提供给大家，欢迎广大读者朋友到网站与我们进行交流。最后祝愿读者朋友们成功！

光盘内容说明

　　本书对应两张DVD光盘，包含了光盘教学需要的全部配套资源文件，并容纳了由作者录制的近十个小时的视频教学录像，详细演示了本书范例的全部制作过程，极大地提高了学习效率。建议读者在看书的时候结合视频教程同步进行。

教学光盘使用方法

　　在本书光盘相应的目录中你会找到视频教学文件。由于光盘容量有限，为了在光盘中放入更多的视频内容，我们将每个视频文件都做了压缩，在这里给您造成的不便，敬请谅解。

　　教学录像是AVI和WMV格式，用Media Player播放器即可播放。

　　教学录像的分辨率为1024×768（像素），建议在分辨率为1024×768（像素）以上的显示器上播放，这样可以很方便地用播放器在100%的显示模式下观看。

编 著 者

e 联系方式

咨询电话：（010）88254160　　88254161-67

电子邮件：support@fecit.com.cn

服务网址：http://www.fecit.com.cn　　http://www.fecit.net

通用网址：计算机图书、飞思、飞思教育、飞思科技、FECIT

关于光盘

光盘内容为书中案例的场景文件、贴图、最终渲染文件，以及教学视频。

DVD- 2张
- 600分钟的教学视频
- 7个不同风格的静帧渲染案例

视频

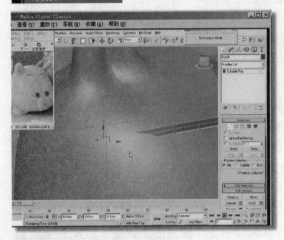

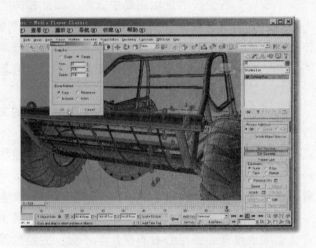

源文件及实例效果

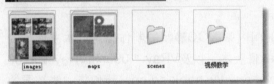

素材

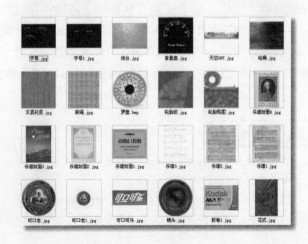

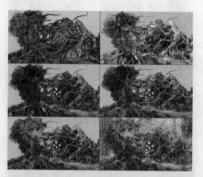

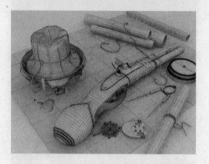

第1章 用三维塑造你的世界

静帧是三维领域比较独特的艺术创作类别，它不像动画有很多限制。由于静帧是单独的一幅画面，也可以说是一个视角，所以你可以用任何手段来遮掩作品的瑕疵，尽可能地表现最完美的一面。静帧可以让你发挥无限的想象空间，甚至可以用Photoshop来处理任何想要修改的地方。

1.1 静帧艺术创作的基本流程

重点提示：通过一个具体的案例了解静帧艺术创作的基本流程。

三维软件就像一个由智能雕刻刀、画笔、颜料盒、照明设备、拍摄设备组成的工作室，用户就是艺术家。艺术家拿起一块雕塑泥开始塑造形象的时候要有整体的构思，要想好如何进行工作，最终效果是什么样子。使用三维软件进行创作也一样。在三维软件中，工作的第一步就是要创建"对象"，通常是Modeling Objects（模型对象）。在雕塑创作中第一步的造型完成后，就要上基本色了。在三维软件中的上色就是设置Material（材质），是对真实质感的再现。然后就是照明，照明能够体现作者的创作意图和创作思想。景物的光影与色彩主要是靠准确的布光来表现，这就要建立Lights（灯光）。三维软件是一个空间范围无穷的虚拟空间，所以要完成一个作品就要设定它的观察角度。这与摄影不一样，摄影必须是先选择角度，而在三维软件中角度的选择是非常自由的，在任何需要的位置创建Cameras（摄像机）就行了。最终展示在我们眼前的艺术作品是通过Rendering（渲染）技术来完成的。

1．建模

3ds max的建模工具很多，有Poly（多边形）、Patch（面片）、NURBS（非有理B样条曲线）、SurfaceTool（线框建模）等等。如图1-1所示为一幅静帧作品的模型。

图1-1

2．材质贴图

模型制作完成后需要进行材质和贴图设置，将照片贴图与模型的网格体相对应，通常使用UVW Mapping贴图和Unwrap UVW贴图展开工具进行对位。如图1-2所示为贴图后的模型效果。

图1-2

3．灯光测试

材质贴图完成后需要进行灯光处理，灯光可以让场景产生美妙的光影效果，用于模拟一天中的各个时间段或照明效果。如图1-3所示为灯光测试效果。

图1-3

4．渲染输出

渲染输出是一个重要的技术环节，除了添加各种特效外，还需要根据不同的渲染器设定不同的渲染参数。如图1-4所示为渲染好的场景效果。

图1-4

5．后期处理

后期处理是比较重要的环节之一，将画面进行最终修饰，达到完美。如图1-5和图1-6所示为最终的后期处理效果。

图1-5

图1-6

了解了静帧制作的基本流程后，我们就来谈谈本书的重点：3ds max软件和VRay渲染器的相关概念。

1.2 3ds max设计概念

重点提示：学习3ds max的对象、创建与修改、材质贴图、层级和三维动画概念。

3ds max是目前世界上应用最广泛的三维建模、动画、渲染软件，完全满足制作高质量动画、游戏、设计效果等领域的需要。它引入了许多在三维领域内工作的新方法，界面完全人机交互并且及时反应。3ds max提供许多方法来创建各种对象，从原始的几何体到自由形式的图形再到灯光和波浪等等。在命令板上使用的工具是可视的，对于更高精度的要求只需要简单地输入数值即可。无论使用哪一种方法，你都可以及时地看到操作的结果。

使用3ds max进行动画设计不仅仅是技巧的问题，如何清晰地掌握其中的核心概念也是每一位使用者必须面对的环节。在3ds max中，与设计制作相关的概念很多，比较重要的如对象、参数修改、层级、材质贴图、三维空间与动画、外部插件、后期合成与渲染等等。下面我们从宏观上讲解3ds max常见的与设计有关的核心概念。

1.2.1 对象的概念

对象是3ds max中出现频率很高的字眼。3ds max是开放的、面向对象的设计软件，从编程的角度讲，不仅创建的三维场景属于对象，灯光镜头属于对象，材质编辑器属于对象，甚至贴图和外部插件也属于对象。为了方便学习，我们将视图中创建的几何体、灯光、镜头及虚拟物体称为场景对象，将菜单栏、下拉列表框、材质编辑器、编辑修改器、动画控制器、贴图和外部插件称为特定对象。

1.2.2 创建与修改的概念

使用3ds max进行工作，首先考虑的当然是创建用于动画和渲染的场景对象。可供选择的方法很多，可以通过Create命令面板中的基础造型命令直接创建，也可以通过定义参数的方法创建，还可以使用多边形建模、片面建模及NURBS建模，甚至还能使用外挂模块来扩展软件功能。以上创建的对象仅是为进一步编辑加工、变形、变换、空间扭曲及其他修改手段所做的铺垫。比起以往的版本，3ds max 5的造型功能得到了相当大的改进：新增了平面对象的建立；Edit Mesh（编辑网格）作出了重大改进，可直接在网格体上的任何位置增加网格线，并可对所选面进行拉伸和倒角，通过各种变形把简单的几何体修改成复杂的模型对象。

创建出优秀的模型，只是一个成功的三维动画的开端，灯光镜头的运用对场景气氛的渲染、动画的设置起着非常重要的作用。在默认情况下，场景中有系统默认光源存在，这就是为什么刚建立的新场景不必马上建立灯光就可看到它的形状。一旦建立灯光，默认的灯光便会消失。摄像机视图只有在场景中建立摄像机后才能进行转换，要选择任一视图，按下键盘上的【C】键即可，一般将Perspective（透视）视图进行转换。

1.2.3 材质贴图的概念

当模型完成以后，为了表现出物体各种不同的性质，需要给物体的表面或里面赋予不同的特性，这个过程称为给物体赋材质。它可使网格对象在着色时以真实的质感出现，表现出如布料、木头、金属等的性质特征来。材质的制作可在材质编辑器中完成，但必须指定到特定场景中的物体上才起作用。除了独特质感，现实物体的表面都有丰富的纹理和图像效果，如木纹、花纹等，这就需要赋予对象丰富多彩的贴图。

1.2.4 层级的概念

在3ds max中，层级概念十分重要，几乎每一个对象都要通过层级结构来组织。层级结构中的对象遵循相同的原则，即层级中较高一级代表有较大影响的普通信息，低一层的代表信息的细节且影响力小。层级结构可以细分为对象的层级结构、材质贴图的层级结构、视频后期处理的层级结构。层级结构的顶层称为根，理论上指World，但一般来说将层级结构的最高层称为根。有其他对象连接其上的是父对象，父对象以下的对象均为它的子对象。

1.2.5 三维动画的概念

建模、材质贴图、层次树连接都是为动画制作服务的，3ds max本身就是一个动画制作软件。

1
Chapter

1
Chapter
（p1～14）

2
Chapter
（p15～52）

3
Chapter
（p53～98）

4
Chapter
（p99～140）

5
Chapter
（p141～178）

6
Chapter
（p179～212）

7
Chapter
（p213～240）

8
Chapter
（p241～272）

因此动画制作技术可以说是3ds max 的精髓所在。如果想使制作的模型富有生命力，就必须将场景做成动画。其原理和制作动画电影一样，将每个动作分成若干帧，每个帧连起来播放，在人的视觉中就成了动画。利用3ds max制作动画时需要将关键点规定出来。关键点就是重要的位置、动作或表情，计算机会计算出每个动作中间过渡的状态。通过在一些帧的画面中对物体进行Move、Scale、Rotate等处理，可以实现动画制作。在3ds max中，动画是实时发生的，设计师可随时更改持续时间、事件、素材等对象并立即观看效果。

1.3 3ds max的灯光

重点提示：学习3ds max的灯光知识，了解灯光的内涵，掌握打灯光的规律。

大家可能很少想到现实世界中光源是怎样起作用的，所以，当你在3ds max图形世界创建灯光时，通常会花费很大力气来实现所需要的效果。三维软件可以随意创建任何类型的灯光，有时反而使你感到在精细的图像中描绘逼真的外观十分困难。当你在特定的场景中难以实现灯光效果时，了解一些传统的灯光基础知识通常会有所帮助。

1.3.1 深入理解灯光的内涵

灯光能够准确表达设计师的创作构思，深入理解灯光的内涵是学习本书必备的知识（当然，这里只是提供些思考的线索，做到对灯光运用自如还需要平时的积累），当准备照亮一个场景时，应注意下面几个问题：

1. 场景中的灯光类型

场景灯光通常分为三种类型：自然光（如图1-7所示）、人工光（如图1-8所示）及二者的结合（如图1-9所示）。

图1-7

图1-8　　　　　　　　　　　　　　　　图1-9

　　具有代表性的自然光是太阳光。当使用自然光时，有其他几个问题需要考虑：现在是一天中的什么时间；天是晴空万里还是阴云密布；还有，在环境中有多少光反射到四周？

　　人工光几乎可以是任何形式。电灯、炉火或者二者一起照亮的任何类型的环境都可以认为是人工的。人工光可能是三种类型的光源中最普通的。你还需要考虑光线来自哪里，光线的质量如何。如果有几个光源，要弄清楚哪一个是主光源？确定是否使用彩色光线也是重要的。几乎所有的光源都有一个色彩，而不是纯白色的。

　　最后一种灯光类型是自然光和人工光的组合。在明亮的室外拍摄电影时，摄影师和灯光师有时也使用反射镜或者辅助灯来缓和阴影。

2．体现灯光的基调和气氛

　　在灯光中表达出的基调对于整个图像的外观是至关重要的。在一些情况下，唯一的目标是清晰地看到一个或几个物体，但通常并非如此，实际目标是相当复杂的。如图1-10～图1-12所示，是一些灯光色调表达的寓意。图1-10中的高调光线代表纯洁；图1-11中的是神秘妖艳的灯光色调；图1-12为温暖恬静的色调和构图。

图1-10　　　　　　　　　　　　图1-11

　　灯光有助于表达一种情感，或引导观众的眼睛到特定的位置，可以为场景提供更深的深度，展现更丰富的层次。因此，在为场景创建灯光时，你可以自问，我要表达什么基调？我所设置的灯光是否符合故事的情节？

3．是否有创作来源的参考资料？

　　在创作逼真的场景时，应当养成从实际照片和电影中取材的习惯。好的参考资料可以提供一些线索，让你知道特定物体和环境在一天内不同时间或者在特定条件下看起来是怎样的。

　　通过认真分析一张照片中高光和阴影的位置，通常可以重新构造对图像起作用的光线的基本位置和强度。通过使用现有的原始资料来重建灯光布置，也可以学到很多知识。如图1-13～图1-16所示就

图1-12

是通过照片找到了灵感创作出来的景物。磨沙反射（左图为照片，右图为渲染作品）；水果（左图为照片，右图为渲染作品）；陶瓷（左图为照片，右图为渲染作品）；不锈钢水槽（左图为照片，右图为渲染作品）。

图1-13

图1-14

图1-15

图1-16

4．创建灯光

在考虑了上面的问题后，现在应当为一个场景创建灯光了。虽然光源的数量、类型和它们单独的属性将因场景不同而异，但是，有三种基本类型的光源：关键光（主光）、补充光（辅助光）和背景光（辅助光），是在一起协调运作的，如图1-17所示。

图1-17

5. 关键光

在一个场景中，其主要光源通常称为关键光。关键光不一定只是一个光源，但它一定是照明的主要光源。同样，关键光未必像点光源一样固定于一个地方。

虽然点光源通常放在四分之三的位置上（从物体的正面转45度，并从中心线向上转45度，这一位置很多时候被当作定势使用），但根据具体场景的需要，也可来自物体的下面或后面，或者其他任何位置。关键光通常是首先放置的光源，并且使用它在场景中创建初步的灯光效果。

虽然最初的放置为照亮物体提供了一个好的方法，但是，得到的效果却是单调而无趣的图像。阴影通常很粗糙且十分明显，场景看起来总是太暗，因为没有自然的环境光来加亮阴影区域。这种情况在特定的场景中是很有用的，例如夜晚场景，但是，对大多数画面来说，就显得有些不合适了。

6. 补充光

补充光是用来填充场景的黑暗和阴影区域的。关键光在场景中是最引人注目的光源，但补充光的光线可以提供景深和逼真的感觉。

比较重要的补充光来自天然漫反射，这种类型的灯光通常称为环境光。这种类型的光线之所以重要，部分原因是它提高了整个场景的亮度。不幸的是，大多数渲染器的环境光统一地应用于整个场景，降低了场景的整体黑暗程度。它淘汰掉了一些可能的特性，不能对照亮的物体上的任何光亮和阴影进行造型，这是使场景看起来不逼真的主要原因。

模拟环境光的更好的方法是在场景中把低强度的聚光灯或泛光灯放置在合理的位置上。这种类型的辅助光可以减少阴影区域，并向不能被关键光直接照射的下边和角落补充一些光线。

除了场景中的天然散射光或者环境光之外，补充光还用来照亮太暗的区域或者强调场景的一些部位。它们可以放置在与关键光相对的位置，用以柔化阴影。

7. 背景光

背景光通常作为"边缘光"，通过照亮对象的边缘将目标对象从背景中分开。它经常放置在四分之三关键光的正对面，它对物体的边缘起作用，引起很小的反射高光区。如果3D场景中的模型由很多小的圆角边缘组成，这种高光可能会增加场景的可信性。

8．其他类型的光源

实际光源是那些在场景中实际出现的照明来源。台灯、汽车前灯、闪电和野外燃烧的火焰都是潜在的光源。

1.3.2 灯光的其他因素

在为场景设置灯光以后，还有一些其他因素需要考虑。

1．我的解决方法简单而必要吗？

场景中的灯光与真正的灯光不同，它需要在渲染时间上多花功夫，灯光设置越复杂，渲染所花费的时间越多，灯光管理也会变得越难。你应当自问，每一种灯光对正在制作的外观是否十分必要。

当增加光源时，自然会减少反射点。在一些点增加光源不会对场景的外观有所改善，并且将变得很难区分所增加光源的价值。你可以尝试独立察看每一个光源，来衡量它对场景的相对价值。如果对它的作用有所怀疑，就删除它。

2．有些物体是否需要从光源中排除？

从一些光源中排除一个物体，在渲染的时候，可以节约时间。

这个原则对于制作阴影也是正确的。场景中的每一个光源都用来制作阴影，这种情况是很少见的。制作阴影可能是十分昂贵的（尤其是光线跟踪阴影的情况下），并且有时对最终图像是有害的。

3．用贴图效果而不用实际光源能够模拟任何灯光吗？

建筑物光源、照亮的显示器和其他独立的小组合光源，有时可以用贴图创建，而不使用实际光源。如图1-18所示为web光域网和渐变贴图模拟的灯光造型和过渡渐变。

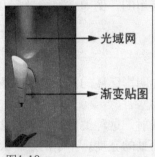

图1-18

4．是否可以使用一些技巧使场景更真实？

比如，为光源添加颜色或贴图，可能可以很简单地使场景取得较好的气氛。

5．光的颜色

当白色光通过三棱镜时被折射成七色光，七色光是白光光谱中可见光部分，分别为红、橙、黄、绿、蓝、靛、紫，简写为ROYGBIV。这些颜色中，红、绿、蓝是原色，所以光的颜色模型为RGB模型。

计算机屏幕产生颜色的机理也可认为是RGB模型，在大多数绘图程序中（包括3ds max）都提供了RGB颜色选择模式。应当注意的是：光的颜色具有相加性，而颜料颜色具有相减性。所

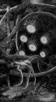

谓相加性是指混合的颜色越多，颜色越淡，而相减性则相反，这一点学过色彩绘画的人应该很清楚。

有趣的是，将RGB颜色的Multiplier值由1改为-1，颜色就会变成原来的补色，即成为CYM色。

在3ds max的世界里你所见到的场景取决于你照明的方式，呈现出的场景完全由发光对象的颜色和位置决定。事实上要创建一种氛围，很少只使用白光照明。若使用颜色成分少的人造灯光会使场景毫无生气。在剧场里一般使用纯红、绿、蓝、黄、绛红及蓝绿等多种组合，使某些区域及光柱看起来色彩绚丽斑斓。高饱和度的灯光用起来要十分小心，因为用它来照明常会歪曲事实，例如在煤油灯黄光照明下就分不清土黄和柠檬黄。

6. 在3ds max中设置灯光额外需要注意的事项

程序中的灯光都是模拟真实世界的灯光模式：如Target Spot是手电筒或探照灯模型；Omni模拟烛光或太空中的太阳光；Directional Light模拟自然界直射平行太阳光。这些灯都能打开或关闭，改变它们的大小、形状和位置，改变颜色，打开或关闭影子，设置影子边缘的柔度，设置哪些物体被所有的光照明，甚至在某些范围里使用特别暗的光"吸取"多余的光。

Exclude功能是3ds max灯光的第一个特性。它可设定场景中哪些物体受此灯光的影响，哪些不受影响。在一个复杂场景中，有些人为追求效果架设几十盏灯光，势必造成某些物体受光过度甚至丢失阴影。将它们排除在一些灯光影响之外可以保持原效果。

Multiplier（倍增器）类似于灯的调光器，值小于1减小光的亮度，大于1增加光的亮度。当值为负时，光实际上从场景中减去亮度。"负光"通常用来模拟局部暗的效果，一般仅放在内部的角落，使其变暗，以在场景中产生用一般的光很难获得的效果。

倍增器可以维护场景中一系列光使用相近的颜色。而如果将RGB值相应增加或减小会使样本颜色不易辨认。

是否使用衰减（attenuation）是许多场景成败的关键之一。3ds max的灯光默认是不衰减的，这通常意味着场景将很快变得过亮。记住，在进行室内照明的时候，除了最暗的辅光，所有其他光都要使用衰减。

1.3.3 光的打法及影响

在3ds max中，默认的照明是-X，-Y，+Z与+X，+Y，-Z处的两盏灯，一旦你在场景中建立了灯光，这两盏灯将自动关闭。

摄影上有几种照明类型，可以为3ds max所借鉴。

三角形照明是最基本的照明方式，它使用三个光源：主光最亮，用来照亮大部分场景，常投射阴影；背光用于将对象从背景中分离出来，并展现场景的深度，常位于对象的后上方，且强度等于或小于主光；辅光常在摄影机的左侧，用来照亮主光没有照到的黑暗区域，控制场景中最亮的区域与最暗区域的对比度。亮的辅光产生平均的照明效果，而暗的辅光增加对比度。

一个大的场景不能使用三角形照明时，可采用区段照明法照明各个小的区段，区段选择后就可使用基本的三角形照明法。

对于具有强烈反射的金属感材质，有时需要用包围法将灯光打在周围以展现它的质感，这是比较少用的方法。

光的性质对场景产生强烈影响：刺目的直射光来自点状光源，形成强烈反差，并且根据它照射的方向可以增加或降低质地感和深度感；柔和的光产生模糊昏暗的光源，它有助于减少反差。光的方向也影响场景中形的组成：柔和的光没有特定的方向，似乎轻柔地来自各个方向；刺目的直射光有三个基本方向：正面光、侧光和逆光。

正面光能产生非常引人注目的效果，当它形成强烈的反差时更是如此。然而这种光会丢失阴影，使场景缺乏透视感。

侧光能产生横贯画面的阴影，容易表现物体的质感。

逆光常常产生强烈的、明显的反差，清晰地显示物体的轮廓。

昏暗、偏冷、低发差的灯光适用于表现悲哀、低沉或神秘莫测的效果，预示某种不祥之事的发生。换成高发差的灯光可用于酒吧、赌场这样的场面，在这里可以强调主要对象或角色，而将其他的对象虚化。

明艳、暖色调、阴影清晰的灯光效果适于表现兴奋的场面，而换成偏冷色调则是一种恬静的气氛。

1.4 模拟真实效果的VRay渲染引擎

重点提示：介绍VRay渲染器的渲染概念，了解全局光照引擎的相关知识。

3ds max没有radiosity（热辐射）渲染引擎的时候是一种线性扫描渲染，当你为场景设置一个灯光时就会发现这与现实相差有多远。在这种渲染方式下，光线不被物体反射或折射，因此不像真实世界里通常一盏灯能照亮一间卧室，很多人制作一个场景要打几十盏灯，而制作动画时灯光数量更多。

3ds max内置渲染器极其普通，光线跟综（raytrace）和热辐射（radiosity）的渲染速度也相对比较慢。这就决定了它不适合在图像质量上追求完美的人使用。3ds max 5以前，内置渲染器的热辐射、自然光和真实阴影等是一片空白，而这些都是成为一幅完美三维作品的重要组成部分。外挂渲染器正是弥补了内置渲染器的这些不足。在3ds max上使用了这些渲染器以后，渲染效果有了很大改善。

VRay是一种结合了光线跟踪和辐射的渲染器，其真实的光线计算创建专业的照明效果，可用于建筑设计、灯光设计、展示设计等多个领域。

VRay渲染器是著名的Chaos Group公司新开发的产品（该公司开发了Phoenix和SimCloth等插件）。VRay主要用于渲染一些特殊的效果，如：次表面散射、光迹追踪、散焦、全局照明等。VRay的特点在于"快速设置"而不是快速渲染，所以要合理地调节其参数。VRay渲染器控制参数不复杂，完全内嵌在材质编辑器和渲染设置中，这与finalRender等渲染器很相似。VRay的天光和反射效果非常好，真实度几乎达到了照片级别。VRay目前在渲染时间上比finalRender要快一些，这也是它能和finalRender竞争的主要资本。目前很多制作公司使用VRay来制作建筑动画和效果图，就是看中了它速度快的优点。

材质编辑器是3ds max软件一个功能非常强大的模块，如图1-19所示，所有的VRay材质都在这个编辑器中进行制作。材质是某种物质在一定光照条件下产生的反光度、透明度、色彩及纹理的光学效果。在3ds max中，所有模型的表面都要按真实三维空间中的物体加以装饰才能达到生动逼真的视觉效果。

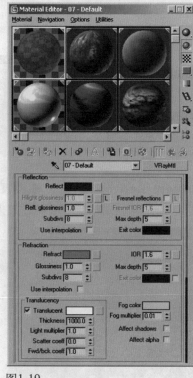

图1-19

在材质编辑器中我们能看到各种各样的参数，下面的这些图就是通过日常生活中的景物与材质编辑器中的参数相对应的质感，通过准确地设置材质参数，完全可以达到逼真的效果。

如图1-20所示为菲涅尔反射效果（Fresnel Effects）、模糊反射（Refl.glossiness）、软阴影（Soft Shadow）、反射（Reflection）和模糊反射加凹凸贴图（Refl.glossiness+Bump）效果的表现对照图。

图1-20

如图1-21所示为景深（Depth of field）、模糊反射（Refl.glossiness）、软阴影（Soft Shadows）、反射（Reflection）和雾色（Fog color）效果的表现对照图。

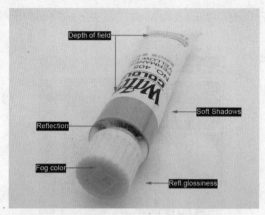

图1-21

如图1-22所示为菲涅尔（Fresnel Reflections）、模糊反射（Refl.glossiness）、焦散（Caustics）、折射（Refraction）和高动态范围图像（HDRI）效果的表现对照图。

图1-22

如图1-23所示为模糊反射加凹凸贴图（Refl.glossiness+Bump）、反射（Reflection）、雾色（Fog color）、折射（Refraction）、软阴影（Soft Shadow）和间接照明（Indirect illumination）效果的表现对照图。

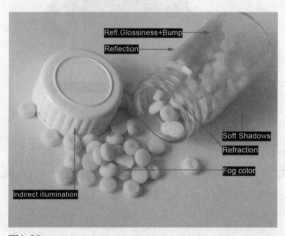

图1-23

第2章 宁静的午后

　　本章的案例建模特点是：使用基础的几何物体来搭建模型；使用线性物体制作模型；结合Poly工具，对模型进行塑造；学会使用Extrude（挤压）、Bevel（斜角挤压）、Connect（连接）、Remove（移除）等工具。

　　本章的案例结构特点是：本例我们来制作一幅黄昏时屋前的场景画面，场景中整齐地摆着花盆、自行车和酒瓶等物品。

　　本章的案例材质特点是：以沙质材质和方砖材质及瓦片材质为背景材质，勾勒出了整个场景的大体图案；主要材质包括木门材质、自行车材质、花盆材质、水桶材质、树叶材质等；重点要设置的材质为木门材质和自行车材质。

　　本章的案例灯光特点是：以Target Spot灯光为场景主光源，用来模拟天光；使用VRayLight面光源作为辅助光源，形成混合照明室外效果。

本例我们来制作一幅整齐场景的画面图形，主题为宁静的午后。在这幅图案中，我们着重来介绍场景中物品贴图和材质的制作方法；场景中材质以贴图为主，但重点材质集中在背景材质的制作上，这是本图的重点，也是要着重展示的部分，这部分烘托了整个主题；再加上场景中暖色灯光的烘托，从而营造出一幅宁静午后的恬静画面。

效果图如图2-1所示。

图2-1

2.1 墙体结构的制作

3ds max VRay

重点提示：使用基本几何物体创建模型，使用Poly工具对模型进行细节的塑造。在制作过程中要学会使用poly工具。

首先，我们来制作墙体。

Step 1 打开3ds max，选择一个我们所需要的视图，然后按【Alt+B】组合键，调出背景设置面板。单击Background Source对话框中的【Files】按钮，找到与视图相对应的素材图片，参数设置如图2-2所示。我们分别在前视图（Front）导入参考图片，作为参考。

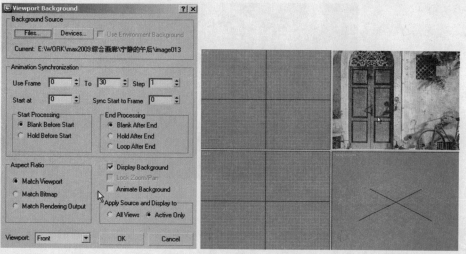

图2-2

在命令面板中单击 按钮进入创建命令面板，在创建命令面板中单击 按钮进入几何体面板，选择 Standard Primitives 类型，单击 Box 按钮，创建一个如图2-3所示的box盒子物体。然后单击鼠标右键，在弹出的快捷菜单中选择 Convert to Editable Poly 命令，将模型塌陷成为可编辑的多边形。激活 按钮，选择曲线，使用 Connect 工具命令给物体添加新的曲线，效果如图2-4所示。

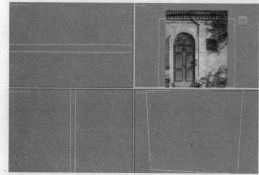

图2-3

图2-4

提 示

Connect 命令用于添加新的曲线，此命令可以随时给物体添加曲线，并进行调整，对塑造物体很有帮助。

激活 按钮，然后单击鼠标右键，在弹出的快捷菜单中选择 Cut 命令，对照参考图给物体添加新的曲线，效果如图2-5所示。然后使用 Connect 工具命令，分别给如图2-6所示的点之间添加新的曲线，效果如图2-7所示。

图2-5

图2-6

2
Chapter

1
Chapter
(p1~14)

2
Chapter
(p15~52)

3
Chapter
(p53~98)

4
Chapter
(p99~140)

5
Chapter
(p141~178)

6
Chapter
(p179~212)

7
Chapter
(p213~240)

8
Chapter
(p241~272)

图2-7

提 示

Cut 是切割的意思。它是一个可以在物体上任意切割的工具，虽然不太好控制，但也是一个非常有用的工具。

Step 4 激活□按钮，选择如图2-8所示的面，单击 Extrude □按钮右边的小方框，在弹出的对话框中设置参数，对所选面进行挤压。效果如图2-9所示。

图2-8   图2-9

提 示

Extrude（挤压）：有两种操作方式，一种是选择好要挤压（Extrude）的顶点，然后单击 Extrude 按钮，再在视图上单击顶点并拖动鼠标，左右拖动可以控制挤压根部的范围，上下拖动可以控制顶点被挤压后的高度。

Step 5 选择如图2-10所示的面，按【Delete】键删除，制作出窗户。激活 ○按钮，选择如图2-11所示的曲线，按着【Shift】键，沿Y轴向里拉伸，效果如图2-12所示。

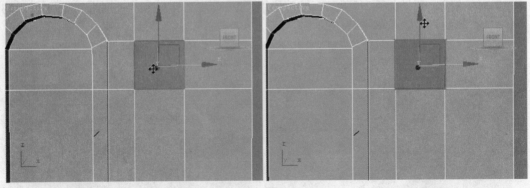

图2-10   图2-11

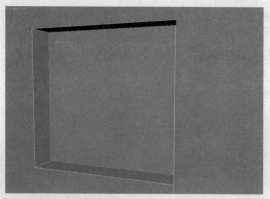

图2-12

 激活 ◁ 按钮，选择多余的曲线，按 Remove 按钮，将其移除，效果如图2-13所示。然后激活 □ 按钮，选择门处的面，按【Delete】键删除，效果如图2-14所示。

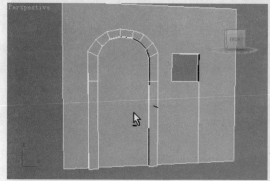

图2-13

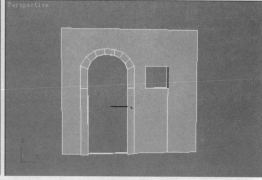

图2-14

> Remove（移除）：这个功能不同于使用【Delete】键进行的删除，它可以在移除顶点的同时保留顶点所在的面。
>
> 提 示

以上步骤的操作录像参考本书1号光盘"视频教学\第2章\1.avi"文件第01秒钟到5分钟30秒处。

2.2 房顶的制作

重点提示：使用box盒子和圆柱体来搭建，结合Bend（弯曲）修改命令来制作瓦片。

接下来，我们来制作房顶。

Step 1 在命令面板中单击 按钮进入创建命令面板，在创建命令面板中单击 按钮进入二维命令面板，选择 Splines 类型，单击 Line 按钮，绘制一个如图2-15所示的线框。然后单击 Extrude 按钮右边的小方框，在弹出的对话框中设置参数，对线框进行挤压处理。效果如图2-16所示。

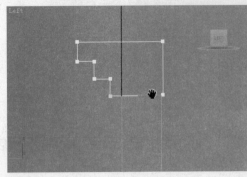
图2-15

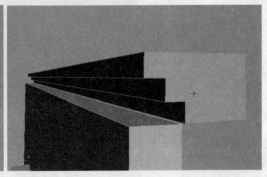
图2-16

Step 2 将被挤压出的物体复制出一个。然后改变它的长度，并对其再次进行复制，效果如图2-17所示。最后，在命令面板中单击 按钮进入创建命令面板，在创建命令面板中单击 按钮进入几何体面板，选择 Standard Primitives 类型，单击 Cylinder 按钮，创建一个如图2-18所示的圆柱体。

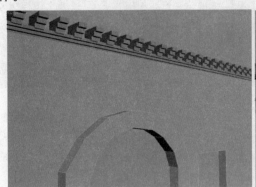
图2-17

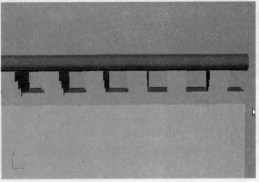
图2-18

Step 3 在命令面板中单击 按钮进入创建命令面板，在创建命令面板中单击 按钮进入几何体面板，选择 Standard Primitives 类型，单击 Box 按钮，创建一个如图2-19所示的box盒子，并将其转变成可编辑多边形。然后对其进行调整，效果如图2-20所示。

图2-19

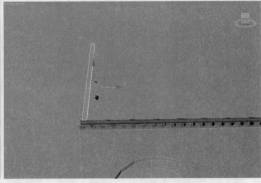
图2-20

Step 4 将box盒子物体进行复制，效果如图2-21所示。同样将圆柱体也进行复制，效果如图2-22所示。这样我们就可以制作出房顶的屋架了。

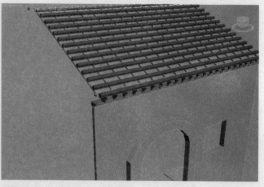

图2-21   图2-22

Step 5 在命令面板中单击 按钮进入创建命令面板，在创建命令面板中单击 按钮进入几何体面板，选择 Standard Primitives 类型，单击 Box 按钮，创建一个如图2-23所示的box盒子，并将其转变成可编辑多边形。选中box盒子，单击 按钮，给物体添加 Bend 修改命令，进行弯曲处理，制作出瓦片。参数设置如图2-24所示，效果如图2-25所示。

图2-23   图2-24

图2-25

Step 6 选中如图2-26所示的瓦片，对其进行竖向复制，效果如图2-27所示。然后单击 Attach 按钮，将复制出来的瓦片合并在一起，继续进行横向复制。效果如图2-28所示。

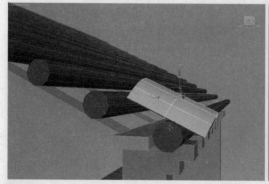

图2-26   图2-27

图2-28

 提 示

Attach 是合并的意思。可以把其他物体合并进来，变成一个整体。单击旁边的 □ 按钮可以从列表中选择物体。

Step 7 在命令面板中单击 ☒ 按钮进入创建命令面板，在创建命令面板中单击 ☒ 按钮进入二维命令面板，选择 Splines ▼ 类型，单击 Line 按钮，对照参考图制作出管道的线条形状。然后在 Rendering 卷展栏下，勾选 Enable In Renderer 和 Enable In Viewport 的复选框，将线条显示出来并调整粗细参数 Thickness:，效果如图2-29所示。

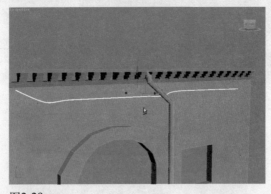

图2-29

以上步骤的操作录像参考本书1号光盘"视频教学\第2章\1.avi"文件第5分钟31秒到视频结束处。

2.3 门和窗户的制作

3ds max VRay

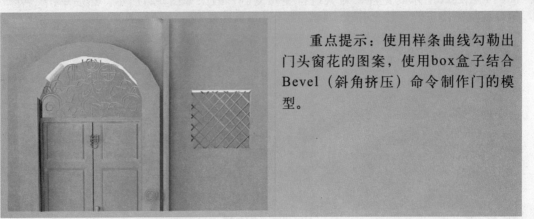

重点提示：使用样条曲线勾勒出门头窗花的图案，使用box盒子结合Bevel（斜角挤压）命令制作门的模型。

接下来，我们来制作门和窗户。

Step 1 在命令面板中单击 按钮进入创建命令面板，在创建命令面板中单击 按钮进入二维命令面板，选择 Splines 类型，单击 Line 按钮，对照参考图勾勒出门头窗上的花纹形状。然后在 Rendering 卷展栏下，勾选 Enable In Renderer 和 Enable In Viewport 的复选框，将线条显示出来并调整粗细参数 Thickness:，效果如图2-30所示。选择勾勒好的花纹，单击工具栏上的 按钮，进行镜像复制，效果如图2-31所示。

图2-30   图2-31

Step 2 使用同样的方法制作出窗户上的栏杆，如图2-32所示。

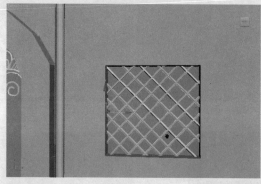

图2-32

以上步骤的操作录像参考本书1号光盘"视频教学\第2章\2.avi"文件01秒到6分钟36秒处。

Step 3 在命令面板中单击 按钮进入创建命令面板，在创建命令面板中单击 按钮进入几何体面板，选择 Standard Primitives 类型，单击 Box 按钮，创建一个如图2-33所示的box盒子，并将它转变成可编辑多边形。激活 按钮，选择如图2-34所示的一圈曲线，单击 Connect 按钮右边的小方框，给物体添加新的曲线。参数设置如图2-35所示，效果如图2-36所示。

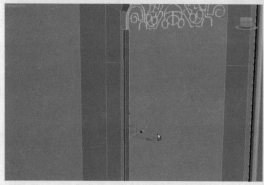 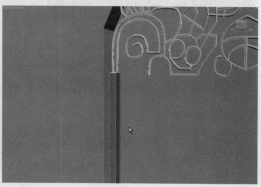

图2-33   图2-34

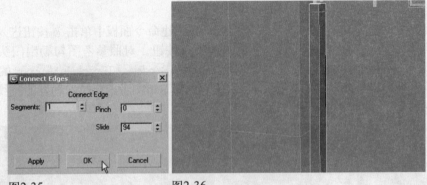

图2-35   图2-36

Step 4 激活 ▢ 按钮，选择如图2-37所示的面，按 Extrude ▢ 按钮右边的小方框，在弹出的对话框中设置参数，对所选面进行两次挤压处理，效果如图2-38所示。同样选择如图2-39所示的面，进行挤压处理。最终门框效果如图2-40所示。

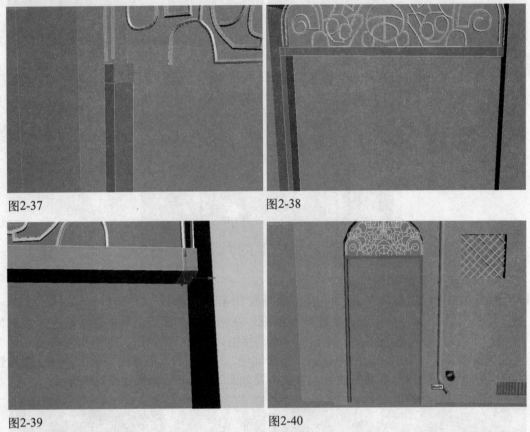

图2-37   图2-38

图2-39   图2-40

以上步骤的操作录像参考本书1号光盘"视频教学\第2章\2.avi"文件6分钟36秒到8分钟10秒处。

Step 5 在命令面板中单击 ▨ 按钮进入创建命令面板，在创建命令面板中单击 ◎ 按钮进入几何体面板，选择 Standard Primitives ▾ 类型，单击 Box 按钮，创建一个如图2-41所示的box盒子，并将它转变成可编辑多边形。激活 ◿ 按钮，选择曲线，使用 Connect ▢ 工具命令添加新的曲线，效果如图2-42所示。

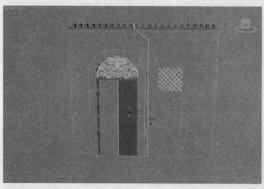

图2-41

图2-42

激活 ▦ 按钮，选择如图2-43所示的面，单击 Bevel □ 按钮右边的小方框，在弹出的对话框中设置参数，对所选面进行斜角挤压，效果如图2-44所示。然后单击工具栏上的 ▷ 按钮，进行镜像复制，效果如图2-45所示。

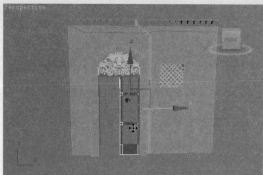

图2-43

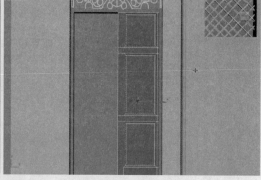

图2-44

图2-45

提　示

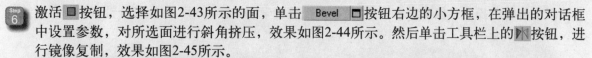
Bevel □ 是斜角挤压的意思，是Extrude工具和Outline工具的结合。Bevel工具对多边形面挤压以后还可以让面沿着自身的平面坐标进行放大和缩小。

以上步骤的操作录像参考本书1号光盘"视频教学\第2章\2.avi"文件8分钟10秒到12分钟17秒处。

对照参考图使用线条制作出如图2-46所示的物体来。

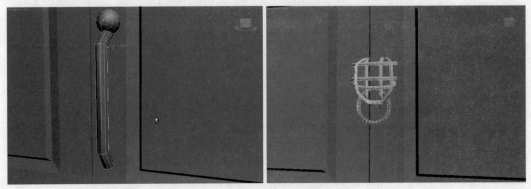

图2-46

以上步骤的操作录像参考本书1号光盘"视频教学\第2章\2.avi"文件12分钟17秒到视频结束处。

2.4 其他物品的制作

3ds max VRay

重点提示：使用样条曲线勾勒出瓶子的切面形状，然后使用Lathe（旋转）修改命令来制作瓶子模型。其他模型都基于基本几何物体，结合poly工具进行塑造。

2.4.1 瓶子的制作

 在命令面板中单击 按钮进入创建命令面板，在创建命令面板中单击 按钮进入二维命令面板，选择 Splines 类型，单击 Line 按钮，对照参考图勾勒出瓶子的截面形状，如图2-47所示。激活 按钮，选中曲线，单击 Outline 按钮，进行扩边处理，效果如图2-48所示。最后，单击 按钮，进入修改面板，给物体添加 Lathe 修改命令，进行形状处理，效果如图2-49所示。

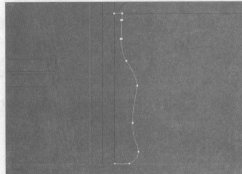

图2-47

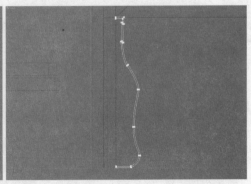

图2-48

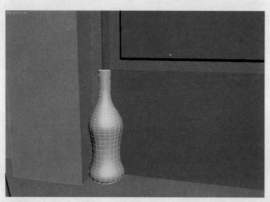

图2-49

Lathe是旋转的意思，当我们使用样条曲线勾勒出物体的截面后，进入修改面板添加一个Lathe旋转修改命令，物体的模型将被制作出来。这个命令主要用于制作规则的瓶状物体。

使用同样的方法制作出其他的瓶子，并将其摆放到合适的位置。效果如图2-50所示。

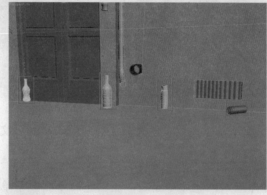

图2-50

2.4.2 凳子的制作

在命令面板中单击 按钮进入创建命令面板，在创建命令面板中单击 按钮进入几何体面板，选择 Standard Primitives 类型，单击 Cylinder 按钮，在Top（顶）Front正视图中创建一个圆柱体模型，如图2-51所示。然后单击 Box 按钮，创建一个box盒子，并使用旋转工具调整其位置，如图2-52所示。最后将box盒子进行旋转复制，效果如图2-53所示。

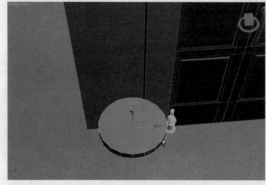

图2-51

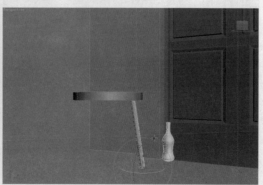

图2-52

图2-53

Step 2 同样，继续创建一个如图2-54所示的box盒子。然后对其进行旋转复制，效果如图2-55所示。

图2-54   图2-55

以上步骤的操作录像参考本书1号光盘"视频教学\第2章\3.wmv"文件01秒到3分钟01秒处。

2.4.3 木桶的制作

Step 1 在命令面板中单击 按钮进入创建命令面板，在创建命令面板中单击 按钮进入二维命令面板，选择 Splines 类型，单击 Line 按钮，勾勒出木桶的截面形状，如图2-56所示。激活 按钮，选择如图2-57所示的点，单击 Fillet 按钮，进行倒角处理。然后激活 按钮，选择整条曲线，单击 Outline 按钮，进行扩边处理，效果如图2-58所示。最后单击 按钮，进入修改面板，给物体添加 Lathe 修改命令，进行形状处理，效果如图2-59所示。

图2-56   图2-57

提 示

Fillet 是倒圆角的意思，主要使直角变得光滑。 Outline （扩边）：使单根线条扩成双层，这样旋转后得到的物体是双面物体。

图2-58　　　　　　　　　　　　　　　　　图2-59

以上步骤的操作录像参考本书1号光盘"视频教学\第2章\3.wmv"文件3分钟01秒到6分钟处。

2.4.4　台阶的制作

Step 1 在命令面板中单击 按钮进入创建命令面板，在创建命令面板中单击 按钮进入几何体面板，选择 Standard Primitives 类型，单击 Box 按钮，创建一个如图2-60所示的box盒子，并将其转变成可编辑多边形。激活 按钮，选择曲线，使用 Connect 工具命令添加新的曲线，效果如图2-61所示。

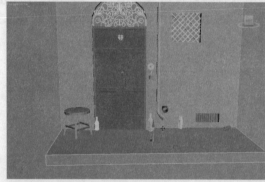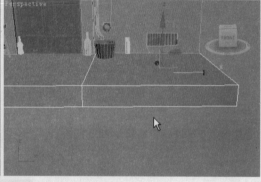

图2-60　　　　　　　　　　　　　　　　　图2-61

Step 2 激活 按钮，选择如图2-62所示的面，单击 Bevel 按钮右边的小方框，在弹出的对话框中设置参数，对所选的面进行斜角挤压，效果如图2-63所示。然后按【Delete】键删除被挤进去的面。

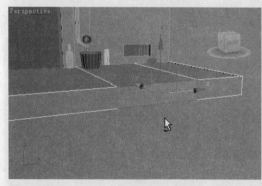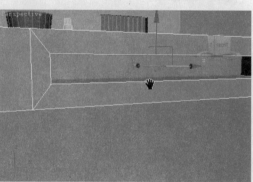

图2-62　　　　　　　　　　　　　　　　　图2-63

Step 3 在命令面板中单击 按钮进入创建命令面板，在创建命令面板中单击 按钮进入几何体面板，选择 Standard Primitives 类型，单击 Cylinder 按钮，创建一个如图2-64所示的圆柱体。然后选择圆柱体进行复制，效果如图2-65所示。

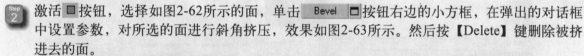

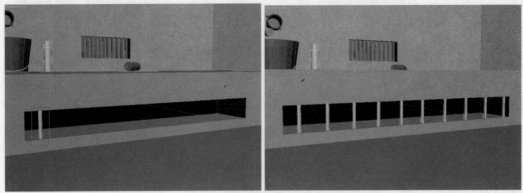

图2-64   图2-65

以上步骤的操作录像参考本书1号光盘"视频教学\第2章\3.wmv"文件6分钟01秒到8分钟50秒处。

2.4.5 花和自行车的制作

场景基本上我们已经制作完成了,现在我们来调用已经做好的花和自行车进来就可以了。

Step 1 单击工具栏上的 File 按钮,在弹出的下拉菜单中选择 Merge... 选项,弹出如图2-66所示的对话框,我们找到模型存放的路径,然后单击【打开】按钮会弹出一个如图2-67所示的对话框。这时我们单击该对话框上的 All 按钮,选中所有物体,单击 OK 按钮就导入完成了。导入模型调整后的效果如图2-68所示。

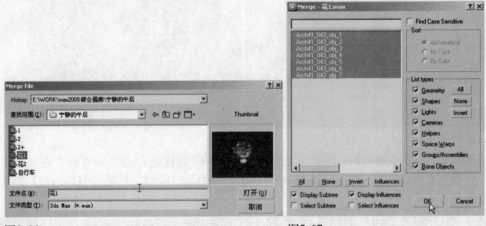

图2-66   图2-67

图2-68

以上步骤的操作录像参考本书1号光盘"视频教学\第2章\3.wmv"文件第8分钟50秒到视频结束处。

最终摄像机视图效果如图2-69所示。

图2-69

好了，模型到这里就制作完成了，模型效果如图2-70所示。具体的操作请参考配套的视频教学光盘。

图2-70

2.5 灯光的设置

重点提示：本例通过制作一个真实的屋前场景来体验VRay强大的渲染功能。

首先设置场景中的灯光。

2 Chapter

1
Chapter
（p1~14）

2
Chapter
（p15~52）

3
Chapter
（p53~98）

4
Chapter
（p99~140）

5
Chapter
（p141~178）

6
Chapter
（p179~212）

7
Chapter
（p213~240）

8
Chapter
（p241~272）

Step 1 打开本书1号配套光盘"视频教学\第2章"目录下的"max完成.max"场景文件，这是本例制作的模型，如图2-71所示。

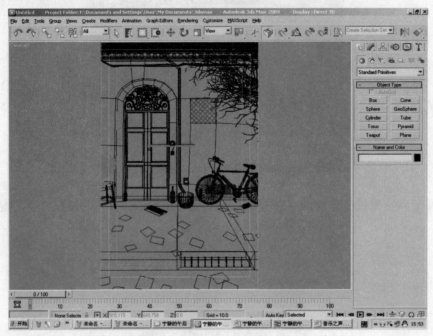

图2-71

Step 2 首先来设置主光源。在 建立命令面板中单击 Target Spot 按钮，在场景中建立两盏目标聚光灯，具体位置如图2-72所示。

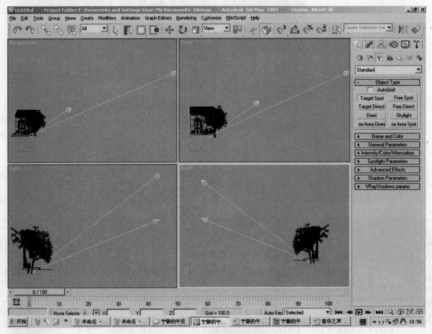

图2-72

Step 3 在修改命令面板中设置目标聚光灯参数如图2-73和2-74所示。

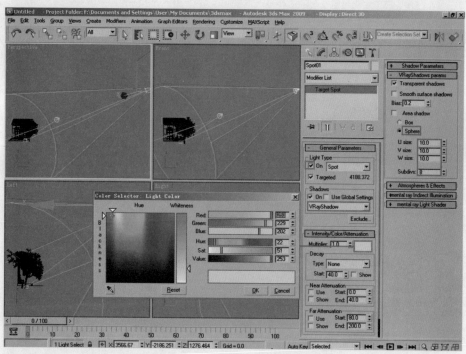

图2-73

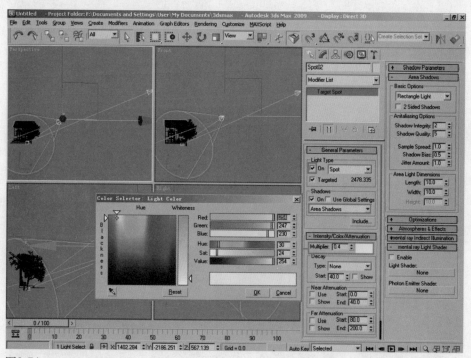

图2-74

Step 4 接下来设置辅助光源面光源。在 建立命令面板中单击 **VRayLight** 按钮，在场景中建立三盏面光源，具体位置如图2-75所示。

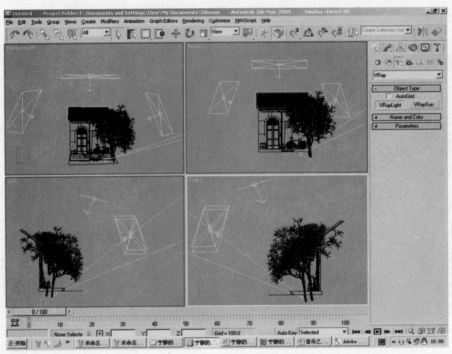

图2-75

Step 5 在修改命令面板中设置面光源参数如图2-76~2-78所示。

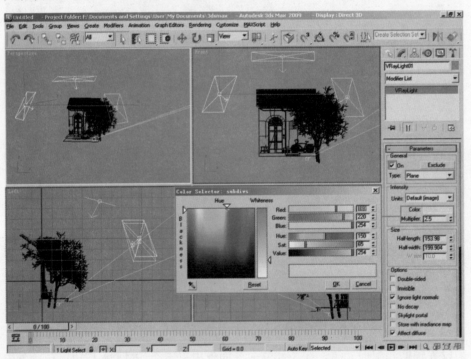

图2-76

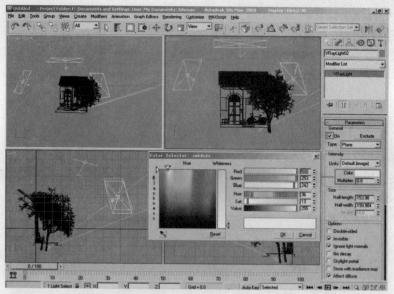

图2-77

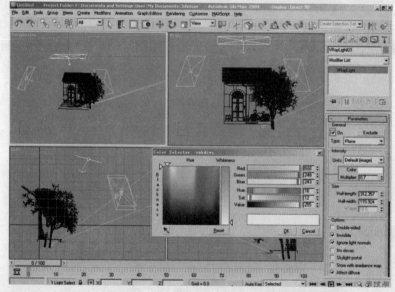

图2-78

2.6 渲染设置

3ds max VRay

重点提示：在VRay菜单中设置渲染参数。

2
Chapter

1
Chapter
(p1~14)

2
Chapter
(p15~52)

3
Chapter
(p53~98)

4
Chapter
(p99~140)

5
Chapter
(p141~178)

6
Chapter
(p179~212)

7
Chapter
(p213~240)

8
Chapter
(p241~272)

下面我们来进行渲染设置。

Step 1 按【F10】键打开渲染对话框，设置当前渲染器为VRay，如图2-79所示。

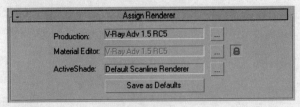

图2-79

Step 2 下面我们来设置场景的照明贴图。打开 V-Ray:: Image sampler (Antialiasing) 卷展栏，设置抗锯齿参数如图2-80所示。

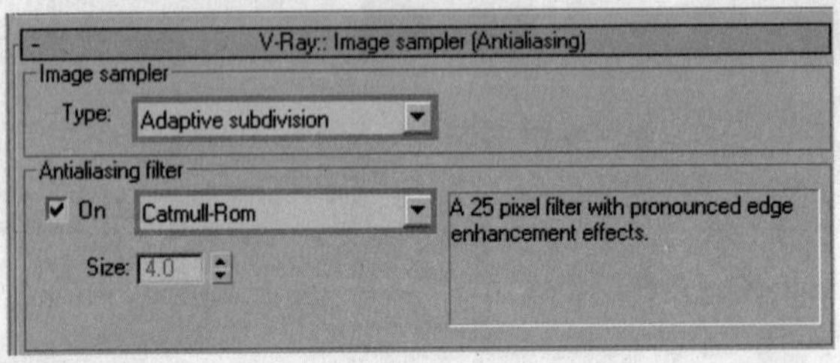

图2-80

Step 3 在 V-Ray:: Indirect illumination (GI) 卷展栏中，设置参数如图2-81所示。这是间接照明参数。

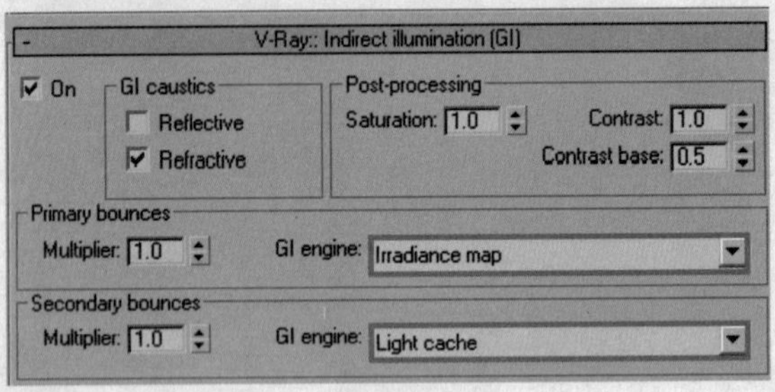

图2-81

Step 4 在 V-Ray:: Irradiance map 卷展栏中设置参数如图2-82所示。

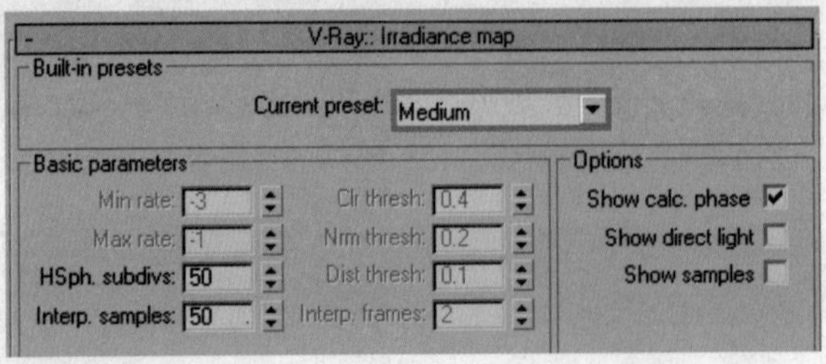

图2-82

Step 5 在 V-Ray:: Light cache 卷展栏设置参数如图2-83所示。这是灯光贴图设置。

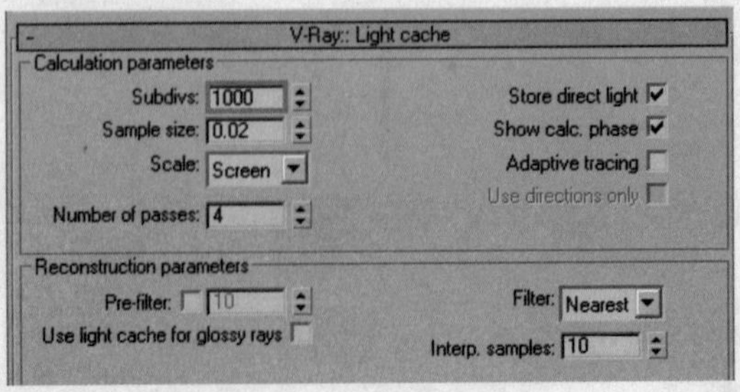

图2-83

Step 6 在 V-Ray:: rQMC Sampler 卷展栏设置参数如图2-84所示。这是准蒙特卡罗采样设置。

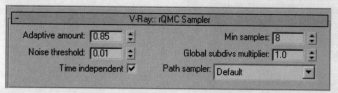

图2-84

Step 7 在 V-Ray:: Environment 卷展栏中激活 GI Environment (skylight) override 区域的 On 复选框，设置天光色为蓝色，具体参数设置如图2-85和2-86所示。（贴图见本书2号配套光盘maps目录下的"kitchen.hdr"文件）

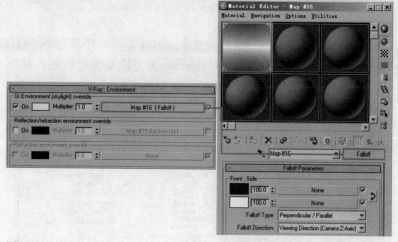

图2-85

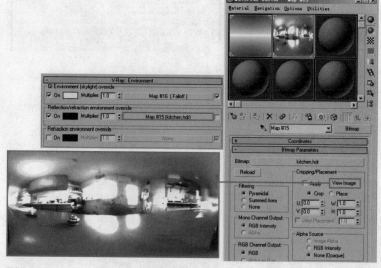

图2-86

下面我们来测试灯光效果。

Step 8 按【M】键打开材质编辑器，选择一个空白样本球，单击 Standard 按钮，在弹出的 Material/Map Browser 对话框中选择 VRayMtl 材质类型。设置Diffuse的颜色为灰色，如图2-87所示。

2 Chapter ◄

1
Chapter
（p1~14）

2
Chapter
（p15~52）

3
Chapter
（p53~98）

4
Chapter
（p99~140）

5
Chapter
（p141~178）

6
Chapter
（p179~212）

7
Chapter
（p213~240）

8
Chapter
（p241~272）

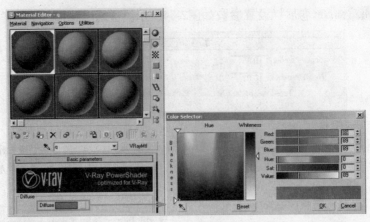

图2-87

Step 9 按【F10】键打开渲染对话框，在 V-Ray:: Global switches 卷展栏中激活 Override mtl: 复选框，然后将刚才在材质编辑器中的这个材质拖动到 Override mtl: 复选框旁边的贴图按钮上，如图2-88所示。

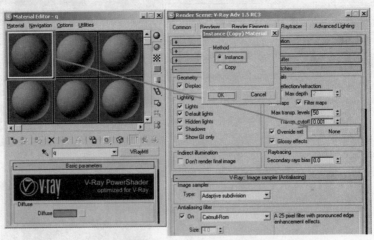

图2-88

此时的渲染效果如图2-89所示。测试完成后将 Override mtl: 复选框关闭。

图2-89

2.7 设置瓦片、房檐和墙面材质

3ds max VRay

重点提示：使用标准材质样式来设置瓦片、房檐和墙面的材质。

Step 1 先来设置瓦片材质。打开材质编辑器，设置材质样式为标准材质样式，设置Shader类型为Blinn方式，设置Diffuse贴图为本书2号配套光盘maps目录下的"clay11L.jpg"文件，具体参数设置如图2-90所示。

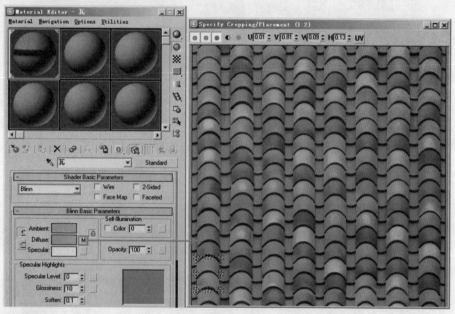

图2-90

Step 2 打开Maps卷展栏，设置Bump贴图为本书2号配套光盘maps目录下的"clay11L.jpg"文件，设置贴图强度为40，具体参数设置如图2-91所示。

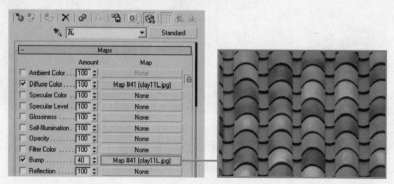

图2-91

Step 3 接下来设置房檐材质。打开材质编辑器，设置材质样式为标准材质样式，设置Shader类型为Blinn方式，设置Diffuse贴图为本书2号配套光盘maps目录下的"wood221.jpg"文件，具体参数设置如图2-92所示。

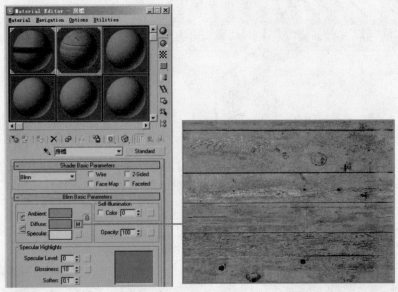

图2-92

Step 4 接下来设置墙面材质。打开材质编辑器，设置材质样式为标准材质样式，设置Shader类型为Blinn方式，设置Diffuse贴图为本书2号配套光盘maps目录下的"wall.jpg"文件，具体参数设置如图2-93所示。

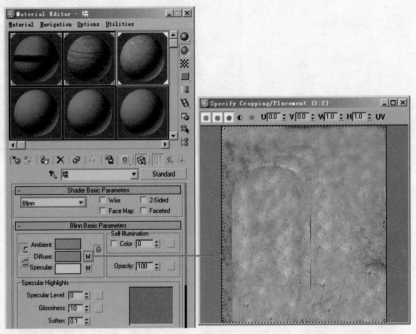

图2-93

Step 5 打开Maps卷展栏，设置Specular Color和Bump贴图为本书2号配套光盘Maps目录下的"wall.jpg"文件，设置Bump贴图强度为35，具体参数设置如图2-94所示。

2

Chapter

◀

1
Chapter
(p1~14)

2
Chapter
(p15~52)

3
Chapter
(p53~98)

4
Chapter
(p99~140)

5
Chapter
(p141~178)

6
Chapter
(p179~212)

7
Chapter
(p213~240)

8
Chapter
(p241~272)

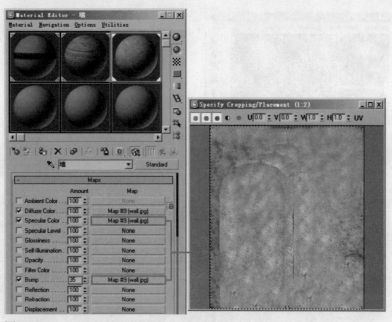

图2-94

Step 6 将所设置的材质赋予对应模型，渲染效果如图2-95所示。

图2-95

2.8 设置木门材质

3ds max VRay

重点提示：使用标准材质样式来设置门的材质。

Step 1 打开材质编辑器，设置材质样式为标准材质样式，设置Shader类型为Blinn方式，设置Diffuse贴图为本书2号配套光盘maps目录下的"door.bmp"文件，具体参数设置如图2-96所示。

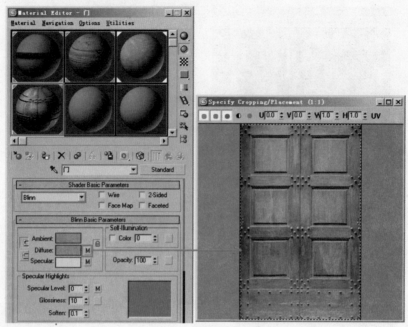

图2-96

Step 2 打开Maps卷展栏，设置Specular Color、Specular Level和Bump贴图为本书2号配套光盘maps目录下的"door.bmp"文件，设置Bump贴图强度为50，具体参数设置如图2-97所示。

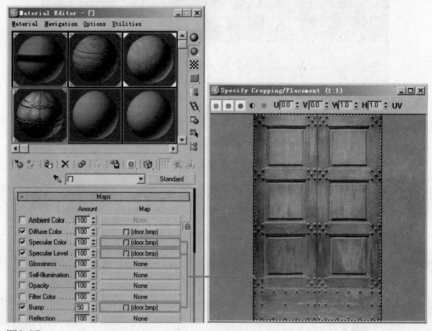

图2-97

Step 3 将所设置的材质赋予门的模型，渲染效果如图2-98所示。

2
Chapter

1
Chapter
（p1~14）

2
Chapter
（p15~52）

3
Chapter
（p53~98）

4
Chapter
（p99~140）

5
Chapter
（p141~178）

6
Chapter
（p179~212）

7
Chapter
（p213~240）

8
Chapter
（p241~272）

图2-98

2.9 设置自行车材质

3ds max VRay

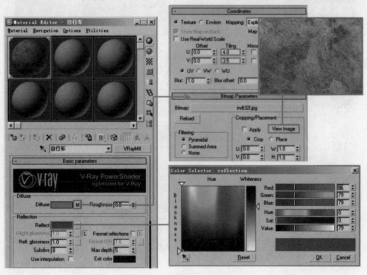

重点提示：使用VRayMtl材质样式来设置自行车的材质。

自行车材质包括生锈金属材质、轮胎材质和车条材质。

Step 1 先来设置生锈金属材质。打开材质编辑器，设置材质样式为 VRayMtl样式，设置Diffuse贴图为本书2号配套光盘maps目录下的"indt32L.jpg"文件，具体参数设置如图2-99所示。

图2-99

Step 2 打开Maps卷展栏，设置Bump贴图为本书2号配套光盘maps目录下的"indt32L.jpg"文件，设置贴图强度为40，参数设置如图2-100所示。

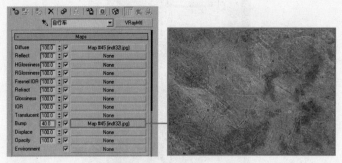

图2-100

Step 3 接下来设置轮胎材质。打开材质编辑器，设置材质样式为标准材质样式，设置Shader类型为Blinn方式，设置Diffuse贴图为本书2号配套光盘maps目录下的"布料046.jpg"文件，具体参数设置如图2-101所示。

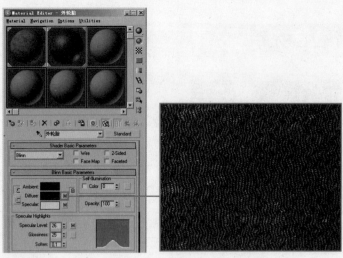

图2-101

Step 4 打开Maps卷展栏，设置Specular Color和Specular Level贴图为本书2号配套光盘maps目录下的"GRND11L.jpg"和"GRND10L.jpg"文件，参数设置如图2-102所示。

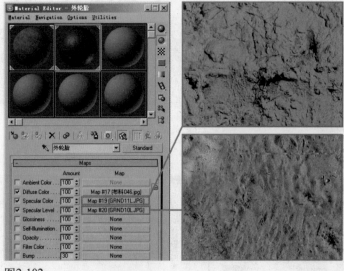

图2-102

Step 5 在Maps卷展栏的Reflection通道中添加一个VRayMap贴图，设置贴图强度为20，具体参数设置如图2-103所示。

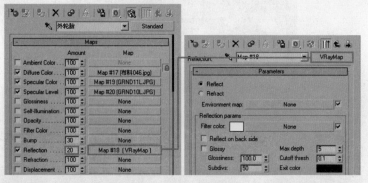

图2-103

Step 6 接下来设置车条材质。打开材质编辑器，设置材质样式为 ● VRayMtl 样式，设置Diffuse贴图为本书2号配套光盘maps目录下的"hole03s.jpg"文件，具体参数设置如图2-104所示。

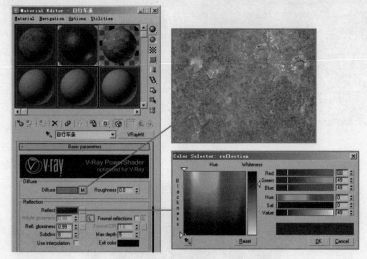

图2-104

Step 7 打开Maps卷展栏，设置Bump贴图为本书2号配套光盘maps目录下的"hole03s.jpg"文件，设置贴图强度为10，参数设置如图2-105所示。

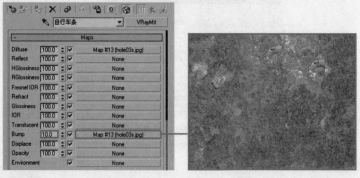

图2-105

Step 8 将所设置的材质赋予自行车模型，渲染效果如图2-106所示。

图2-106

2.10 设置地面材质

重点提示：使用VRayMtl材质样式来设置地面的材质。

地面材质为一个 VRayMtl 材质，由三部分组成，分别为ID1、ID2和ID3，如图2-107所示。

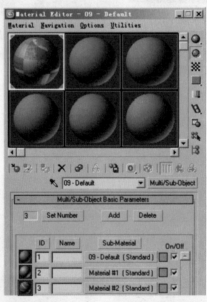

图2-107

Step 1 先来设置ID1部分材质。设置材质样式为标准材质样式，设置Shader类型为Blinn方式，设置Diffuse贴图为本书2号配套光盘maps目录下的"brickfloors.jpg"文件，具体参数设置如图2-108所示。

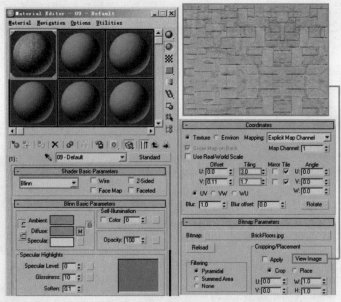

图2-108

Step 2 打开Maps卷展栏，设置Bump贴图为本书2号配套光盘maps目录下的"brickfloors.jpg"文件，设置贴图强度为45，具体参数设置如图2-109所示。

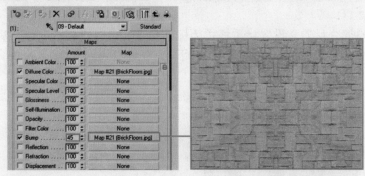

图2-109

Step 3 设置ID2部分材质。设置材质样式为标准材质样式，设置Shader类型为Blinn方式，设置Diffuse贴图为本书2号配套光盘maps目录下的"wal025L.jpg"文件，具体参数设置如图2-110所示。

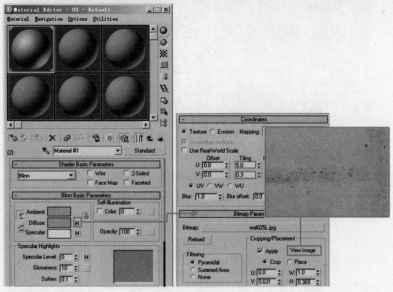

图2-110

Step 4 打开Maps卷展栏，设置Specular Color、Specular Level和Bump贴图为本书2号配套光盘maps目录下的"wal025L.jpg"和"wal025Lb.jpg"文件，设置Bump贴图强度为80，具体参数设置如图2-111所示。

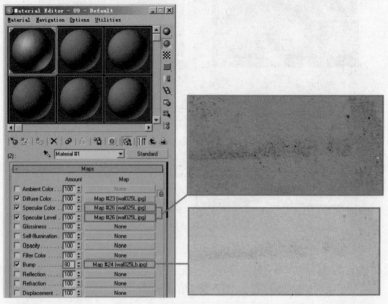

图2-111

Step 5 接下来设置ID3部分材质。设置材质样式为标准材质样式，设置Shader类型为Blinn方式，设置Diffuse贴图为本书2号配套光盘maps目录下的"wal025L副本.jpg"文件，具体参数设置如图2-112所示。

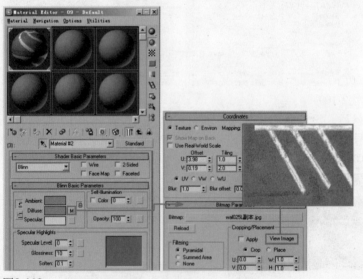

图2-112

Step 6 将所设置的材质赋予地面模型，渲染效果如图2-113所示。

图2-113

2.11 设置树叶和报纸材质

重点提示：使用标准材质样式来设置树叶的材质。

Step 1 先来设置树叶材质。打开材质编辑器，设置材质样式为标准材质样式，设置Shader类型为Blinn方式，设置Diffuse贴图为本书2号配套光盘maps目录下的"Leaves0060_1_S.jpg"文件，具体参数设置如图2-114所示。

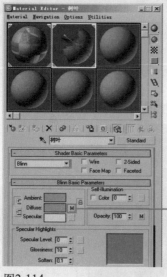

图2-114

Step 2 打开Maps卷展栏，设置Opacity贴图为本书2号配套光盘maps目录下的"Leaves0060_1_S_B.jpg"文件，参数设置如图2-115所示。

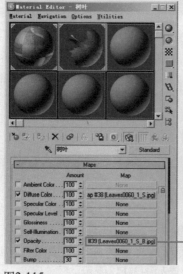

图2-115

Step 3 接下来设置报纸材质。打开材质编辑器，设置材质样式为标准材质样式，设置Shader类型为Multi-Layer方式，设置Diffuse贴图为本书2号配套光盘maps目录下的"baozhi.jpg"文件，具体参数设置如图2-116所示。

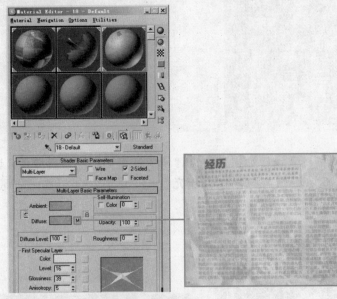

图2-116

Step 4 将所设置的材质赋予树叶和报纸模型，渲染效果如图2-117所示。

图2-117

2.12 设置酒瓶材质

重点提示：使用标准材质样式来设置瓶盖和标签的材质，使用VRayMtl材质样式设置玻璃的材质。

酒瓶材质包括瓶盖材质、标签材质和玻璃材质。

Step 1 先来设置瓶盖材质。打开材质编辑器，设置材质样式为标准材质样式，设置Shader类型为Blinn方式，设置Diffuse颜色为红色，参数设置如图2-118所示。

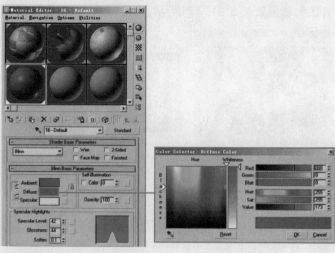

图2-118

Step 2 设置标签材质。打开材质编辑器，设置材质样式为标准材质样式，设置Shader类型为Blinn方式，设置Diffuse贴图为本书2号配套光盘maps目录下的"可口老1.jpg"文件，具体参数设置如图2-119所示。

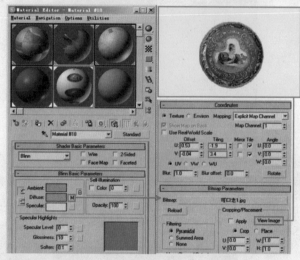

图2-119

Step 3 设置玻璃材质。打开材质编辑器，设置材质样式为 VRayMtl 样式，设置Diffuse颜色为红色，具体参数设置如图2-120所示。

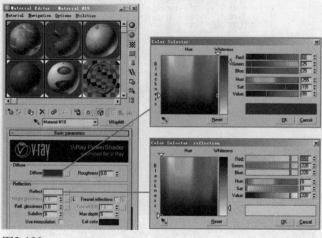

图2-120

Step 4 设置玻璃的折射参数和雾色效果如图2-121所示。

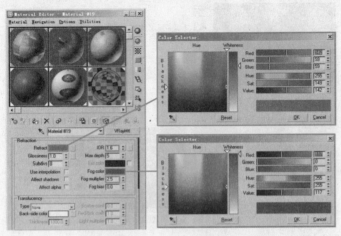

图2-121

Step 5 将所设置的材质赋予酒瓶模型，渲染效果如图2-122所示。

图2-122

场景中的其他材质（如树木、花盆、凳子和水桶等），读者可以参考上述的方法进行设置，这里不再赘述，最终渲染效果如图2-123所示。

图2-123

第3章 音乐之声

　　本章的案例建模特点是：使用基本的几何体塑造小提琴的基本形状；使用poly工具对小提琴的各个部件进行布线调整；学会使用GeoSphere（塌陷）、Bevel（斜角挤压）、Extrude（挤压）、Chamfer（倒角）、Connect（连接）、NURMS Toggle（光滑）等命令的使用。

　　本章的案例结构特点是：本例我们来制作一幅音乐创作场景的画面，场景中散乱地放着小提琴、稿纸和书籍蜡烛等。

　　本章的案例材质特点是：以木质材质为背景材质，主要材质包括生锈金属材质、纸张材质、陶瓷材质、蜡烛材质、烛台材质及植物材质等；重点要设置的材质为蜡烛材质和小提琴材质。

　　本章的案例灯光特点是：以Target Spot灯光为场景主光源，用来模拟天光；使用VRayLight面光源作为辅助光源，形成混合照明室外效果。

　　本例我们来制作一幅散乱场景的画面，主题为音乐之声。这幅图案中，我们着重来介绍场景中物品贴图和材质的制作方法；场景中材质多样，但重点材质集中在琴、蜡烛和稿件的制作上，这是本图的重点；再加上场景中暖色灯光的烘托，从而营造出一款阳光下的艺术创作场景。

　　效果图如图3-1所示。

图3-1

3.1 背景台的制作

　　重点提示：使用基本几何物体创建背景台，然后将物体转变成可编辑多边形进行调整。

　　首先，我们制作背景台。

Step 1 打开3ds max，选择一个我们所需要的视图，然后按【Alt+B】组合键，调出背景设置面板。单击Background Source对话框中的【Files】按钮，找到与视图相对应的素材图片，并将参数设置如图3-2所示。我们在前视图（Front）中导入参考图片。

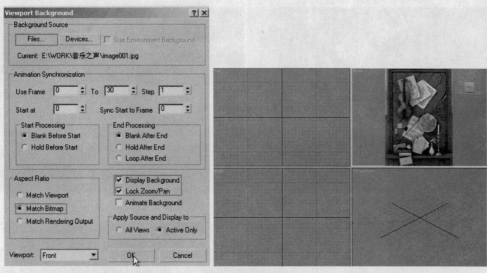

图3-2

3
Chapter

1
Chapter
(p1~14)

2
Chapter
(p15~52)

3
Chapter
(p53~98)

4
Chapter
(p99~140)

5
Chapter
(p141~178)

6
Chapter
(p179~212)

7
Chapter
(p213~240)

8
Chapter
(p241~272)

Step 2　在命令面板中单击 按钮进入创建命令面板，在创建命令面板中单击 按钮进入几何体面板，选择 Standard Primitives 类型，单击 Plane 按钮对照参考图，创建一个如图3-3所示的片面。然后将其向下复制出一个，使用缩放工具 进行调整，效果如图3-4所示。然后在 Parameters 卷展栏下设置它的分段数，效果如图3-5所示。

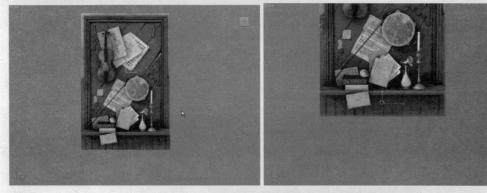

图3-3　　　　　　　　　　　　　　　　　　图3-4

图3-5

Step 3　选择下方的面片，单击鼠标右键，在弹出的快捷菜单中选择 Convert to Editable Poly 命令，将模型塌陷成为可编辑的多边形。激活 按钮，选择曲线，对照参考图移动到合适的位置，如图3-6所示。然后选择如图3-7所示的曲线，单击 Chamfer 按钮右边的小方框，进行倒角处理。参数设置如图3-8所示，效果如图3-9所示。

图3-6   图3-7

图3-8   图3-9

提 示　　Chamfer 命令是切角的意思，相当于挤压时只左右鼠标将点分解的效果，使用方法和Extrude类似。

Step 4　激活 按钮，选择如图3-10所示的面，单击 Bevel 按钮右边的小方框，进行斜角挤压处理。参数设置如图3-11所示，效果如图3-12所示。

 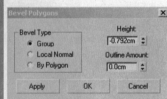

图3-10   图3-11

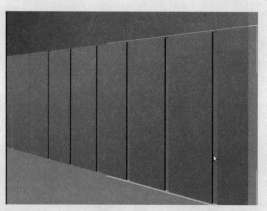

图3-12

 Bevel □ 是斜角挤压的意思。是Extrude工具和Outline工具的结合。Bevel工具对多边形面挤压以后还可以让面沿着自身的平面坐标进行放大和缩小。

提 示

以上步骤的操作录像参考本书1号光盘"视频教学\第3章\1.avi"文件第01秒到第2分钟46秒处。

Step 5 在命令面板中单击 按钮进入创建命令面板，在创建命令面板中单击 按钮进入几何体面板，选择 Standard Primitives 类型，单击 Box 按钮，对照参考图，创建一个如图3-13所示的box盒子。然后单击鼠标右键，在弹出的快捷菜单中选择 Convert to Editable Poly 命令，将模型塌陷成为可编辑的多边形。激活 按钮，进行调整，效果如图3-14所示。

图3-13

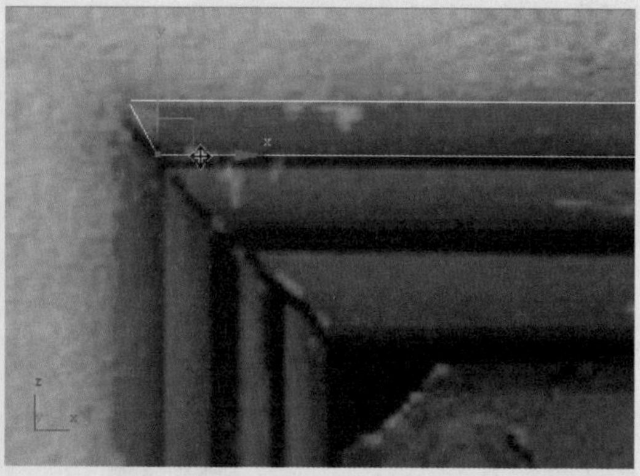

图3-14

Step 6 将调整好的box盒子进行复制并调整，效果如图3-15所示。然后，选中调整好的box盒子，使用旋转工具进行复制，旋转角度为90度。然后对照参考图进行调整，效果如图3-16所示。选择竖向的box盒子，单击工具栏上的 按钮，复制出一个并移动到合适的位置，效果如图3-17所示。

图3-15

图3-16

图3-17

Step 7 在命令面板中单击 按钮进入创建命令面板，在创建命令面板中单击 按钮进入几何体面板，选择 Standard Primitives 类型，单击 Box 按钮，对照参考图，创建一个如图3-18所示的box盒子，然后向下复制出一个，如图3-19所示。

 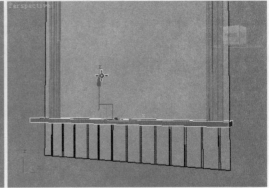

图3-18

 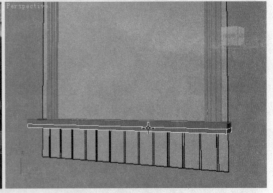

图3-19

Step 8 继续创建一个box盒子，并使用旋转工具 调整其角度，效果如图3-20所示。选中box盒子，单击鼠标右键，在弹出的快捷菜单中选择 Convert to Editable Poly 命令，将模型塌陷成为可编辑的多边形。激活 按钮，选择点进行调整，效果如图3-21所示。然后，将调整好的box盒子进行复制，并对照参考图进行调整，最终效果如图3-22所示。

图3-20   图3-21

图3-22

以上步骤的操作录像参考本书1号光盘"视频教学\第3章\1.avi"文件第2分钟46秒到视频结束处。

3.2 小物件的制作

3ds max 2008/VRay

重点提示：小物件的制作还是基于基本的几何物体创建，细节的调整需要使用poly工具。

接下来，我们来制作背景台上的一些小物件。

3.2.1 钉子的制作

 在命令面板中单击 ◥ 按钮进入创建命令面板，在创建命令面板中单击 ◉ 按钮进入几何体面板，选择 Standard Primitives ▼ 类型，单击 Cylinder 按钮，创建一个如图3-23所示的圆柱体。在

Parameters 卷展栏下设置分段数，如图3-24所示。

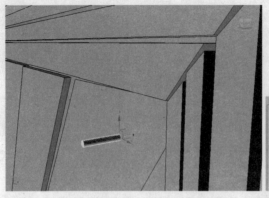

图3-23   图3-24

Step 2 选择圆柱体，单击鼠标右键，在弹出的快捷菜单中选择 Convert to Editable Poly 命令，将模型塌陷成为可编辑的多边形。激活 □ 按钮，选择如图3-25所示的面，单击 Bevel □ 按钮右边的小方框，进行斜角挤压处理。参数设置如图3-26所示。然后单击 GeoSphere 按钮，将顶点的面塌陷在一起，效果如图3-27所示。

图3-25   图3-26

图3-27

提 示
　　　　GeoSphere（塌陷）：将多个顶点、边线和多边形面合并成一个，塌陷的位置是原选择子物体级的中心。

Step 3 激活 □ 按钮，选择如图3-28所示的面，单击 Bevel □ 按钮右边的小方框，在弹出的对话框中设置参数，对所选面进行多次斜角挤压处理（在挤压过程中单击 Apply 按钮，可保留已挤压效果并继续挤压），效果如图3-29所示。最后将制作好的钉子复制并移动到合适的位置，效果如图3-30所示。

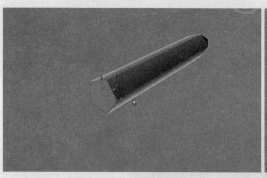

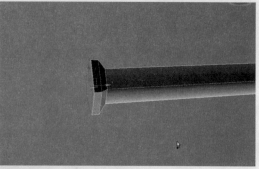

图3-28   图3-29

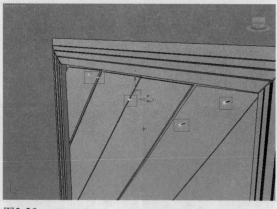

图3-30

　　以上步骤的操作录像参考本书1号光盘"视频教学\第3章\2.avi"文件第01秒到第2分钟29秒处。

3.2.2 锁和花式合页的制作

Step 1 首先我们来制作锁。在命令面板中单击 按钮进入创建命令面板，在创建命令面板中单击 按钮进入二维命令面板，选择 Splines 类型，单击 Line 按钮，对照参考图，绘制锁的轮廓线，如图3-31所示。然后单击 Rectangle 按钮，对照参考图创建一个矩形框，在 Parameters 卷展栏下设置倒角值，如图3-32所示。效果如图3-33所示。

-	Parameters	
Length:	29.435cm	±
Width:	10.827cm	±
Corner Radius:	4.72cm	±

图3-31   图3-32

图3-33

单击 Circle 按钮，创建一个圆形线框。单击 Rectangle 按钮，创建一个矩形框，如图3-34所示。然后选择其中一个线框，单击鼠标右键，在弹出的快捷菜单中选择 Convert to Editable Spline 命令，将曲线塌陷成为可编辑的样条曲线。然后再单击 Attach 按钮，拾取其他线框，将所有线框合并在一起，效果如图3-35所示。

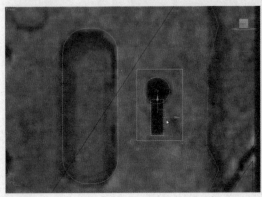

图3-34

图3-35

提 示

Attach 是合并的意思，可以把其他物体合并进来，变成一个整体。单击旁边的 □ 按钮可以在列表中选择物体。

激活 ～ 按钮，选择如图3-36所示的圆形线框。单击 Boolean 按钮，并且右边的选项为 ⊘ 按钮，然后拾取矩形框进行布尔运算，效果如图3-37所示。

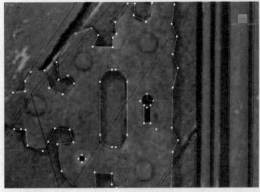

图3-36

图3-37

提 示　　Boolean 是布尔运算，它有三种运算方式： ⊘（全集运算）、 ⊘（补集运算）、 ⊘（交集运算）。

Step 4 激活 按钮，选择如图3-38所示的点，单击鼠标右键，在弹出的快捷菜单中选择 Smooth 命令，将所选的点转变成光滑的点并进行调整。然后选择线框，单击 按钮，在

Modifier List 类型下添加Extrude修改命令，进行挤压，效果如图3-39所示。

 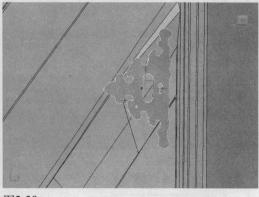

图3-38　　　　　　　　　　　　　　图3-39

Step 5 选择所挤压处的物体，单击鼠标右键，在弹出的快捷菜单中选择 Convert to Editable Poly 选项，将模型塌陷成为可编辑的多边形。激活 按钮，选择如图3-40所示的曲线。单击 Chamfer □ 按钮右边的小方框，在弹出的对话框中设置参数，对所选曲线进行倒角处理，效果如图3-41所示。

图3-40　　　　　　　　　　　　　　图3-41

Step 6 使用同样的方法制作出花式合页，效果如图3-42所示。

图3-42

以上步骤的操作录像参考本书1号光盘"视频教学\第3章\2.avi"文件第2分钟29秒到第8分钟50秒处。

3.2.3 钥匙的制作

Step 1 在命令面板中单击 按钮进入创建命令面板,在创建命令面板中单击 按钮进入几何体面板,选择 Standard Primitives 类型,单击 Torus 按钮,创建一个如图3-43所示的圆环。然后使用缩放工具,对照参考图进行压缩处理,效果如图3-44所示。

图3-43 图3-44

Step 2 在命令面板中单击 按钮进入创建命令面板,在创建命令面板中单击 按钮进入几何体面板,选择 Standard Primitives 类型,单击 Cylinder 按钮,创建一个如图3-45所示的圆柱体。然后使用旋转工具,对照参考图将其调整到合适的位置,效果如图3-46所示。

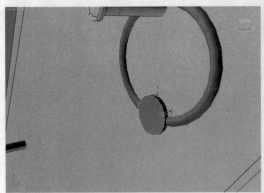 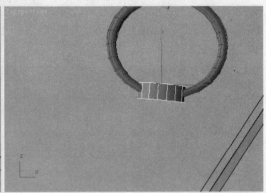

图3-45 图3-46

Step 3 在命令面板中单击 按钮进入创建命令面板,在创建命令面板中单击 按钮进入几何体面板,选择 Standard Primitives 类型,单击 Cylinder 按钮,创建一个如图3-47所示的圆柱体。然后单击鼠标右键,在弹出的快捷菜单中选择 Convert to Editable Poly 命令,将模型塌陷成为可编辑的多边形。激活 按钮,选择点,对照参考图进行调整,效果如图3-48所示。然后单击 Attach 按钮,拾取钥匙的其他部分,将它们合并在一起,效果如图3-49所示。

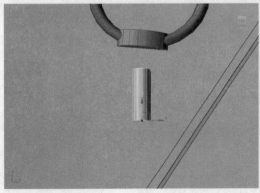

图3-47 图3-48

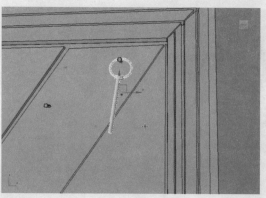

图3-49

Step 4 在命令面板中单击 ![](按钮进入创建命令面板，在创建命令面板中单击 ◎ 按钮进入几何体面板，选择 `Standard Primitives` 类型，单击 `Box` 按钮，创建一个如图3-50所示的box盒子，并将它塌陷成可编辑多变形。激活 ✓ 按钮，选择曲线，单击 `Connect` □ 按钮右边的小方框，给物体添加新的曲线。参数设置如图3-51所示。选择如图3-52所示的曲线，对照参考图进行调整，效果如图3-53所示。

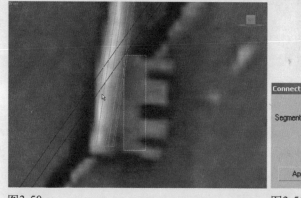

图3-50   图3-51

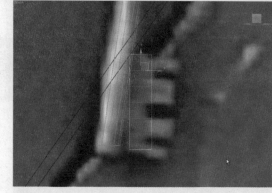

图3-52

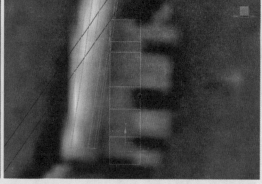

图3-53

提 示

`Connect` □ 命令用于添加新的曲线。此命令可以随时给物体添加曲线，并进行调整，对塑造物体很有帮助。

Step 5 激活 ■ 按钮，选择如图3-54所示的面。单击 `Extrude` □ 按钮右边的小方框，进行挤压。参数设置如图3-55所示。效果如图3-56所示。然后将物体移动到合适的位置，并单击 `Attach` 按钮，将其和钥匙其他部分合并在一起，效果如图3-57所示。

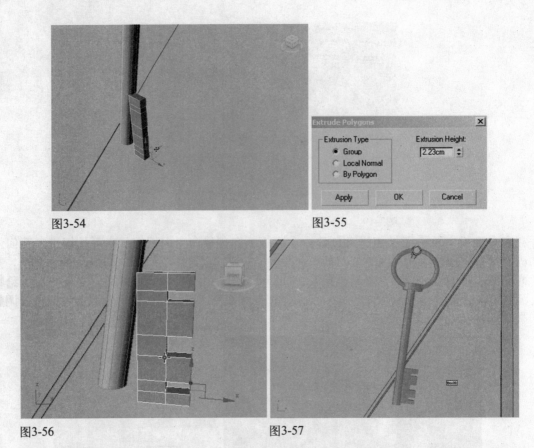

图3-54 图3-55

图3-56 图3-57

提　示

　　Extrude（挤压）：有两种操作方式，一种是选择好要挤压（Extrude）的顶点，然后单击 Extrude 按钮，再在视图上单击顶点并拖动鼠标，左右拖动可以控制挤压根部的范围，上下拖动可以控制顶点被挤压后的高度。

以上步骤的操作录像参考本书1号光盘"视频教学\第3章\2.avi"文件第8分钟50秒到视频结束处。

3.3　破损纸张的制作

3ds.max VRay

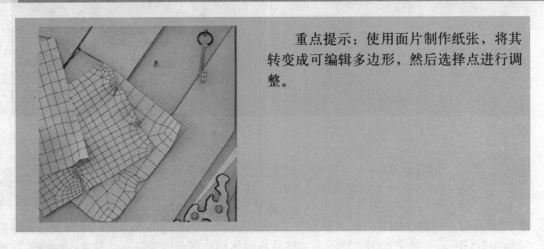

　　重点提示：使用面片制作纸张，将其转变成可编辑多边形，然后选择点进行调整。

下面，我们来制作破损的纸张。

Step 1 在命令面板中单击 ⬚ 按钮进入创建命令面板，在创建命令面板中单击 ⬚ 按钮进入几何体面板，选择 `Standard Primitives` 类型，单击 `Plane` 按钮，创建一个如图3-58所示的面片，并将它塌陷成可编辑多边形。然后激活 ⬚ 按钮，选择点，对照参考图进行调整，效果如图3-59所示。最后，给面片添加分段数，效果如图3-60所示。

图3-58

图3-59

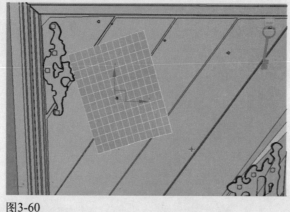
图3-60

Step 2 激活 ⬚ 按钮，在 `- Paint Deformation` 卷展栏下单击 `Push/Pull` 按钮，然后拾取点进行调整。参数设置如图3-61所示，效果如图3-62所示。

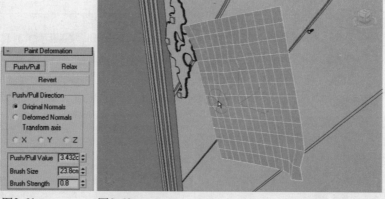
图3-61　　　　图3-62

Step 3 使用同样的方法制作出其他的纸张，效果如图3-63所示。

图3-63

以上步骤的操作录像参考本书1号光盘"视频教学\第3章\3.wmv"文件。

3.4 装饰品的制作

重点提示：使用线条勾勒花瓶和烛台的形状，然后使用Lathe（旋转）修改命令来制作。其他小物件使用poly工具进行调整。

下面我们来制作装饰品。

3.4.1 小物件的制作

 首先制作出一个如图3-64所示的物体，在制作过程中主要用到 Bevel □ 工具命令。然后将制作好的物体进行复制并移动到合适的位置，效果如图3-65所示。然后在命令面板中单击 按钮进入创建命令面板，在创建命令面板中单击 按钮进入几何体面板，选择 Standard Primitives 类型，单击 Cylinder 按钮，创建一个圆柱体并移动到合适的位置，效果如图3-66所示。

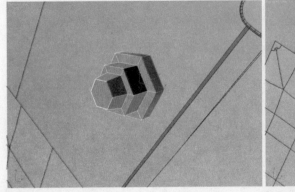

图3-64

图3-65

第3章 音乐之声

3 Chapter

1
Chapter
(p1～14)

2
Chapter
(p15～52)

3
Chapter
(p53～98)

4
Chapter
(p99～140)

5
Chapter
(p141～178)

6
Chapter
(p179～212)

7
Chapter
(p213～240)

8
Chapter
(p241～272)

图3-66

Step 2 在命令面板中单击 按钮进入创建命令面板，在创建命令面板中单击 按钮进入几何体面板，选择 Standard Primitives ▼类型，单击 Box 按钮，创建一个如图3-67所示的box盒子，并将其塌陷成可编辑多变形。然后给物体添加新的曲线并进行调整，效果如图3-68所示。激活 按钮，选择如图3-69所示的面。单击 Bevel 按钮右边的小方框，在弹出的对话框中设置参数，对所选面进行斜角挤压，效果如图3-70所示。

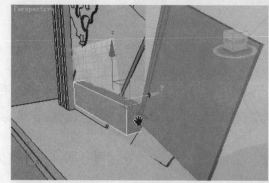

图3-67

图3-68

图3-69

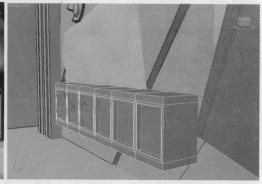

图3-70

Step 3 在命令面板中单击 按钮进入创建命令面板，在创建命令面板中单击 按钮进入几何体面板，选择 Standard Primitives ▼类型，单击 Box 按钮，创建一个如图3-71所示的box盒子，并将其塌陷成可编辑多边形。激活 按钮，选择如图3-72所示的曲线，单击 Chamfer 按钮，在弹出的对话框中设置参数，对所选的曲线进行倒角处理，效果如图3-73所示。

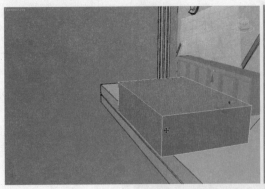
图3-71

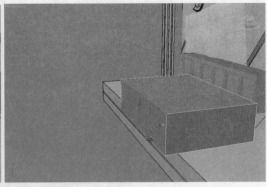
图3-72

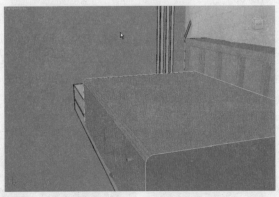
图3-73

　　以上步骤的操作录像参考本书1号光盘"视频教学\第3章\4.wmv"文件从第01秒到第4分钟45秒处。

 　　在命令面板中单击 ➤ 按钮进入创建命令面板,在创建命令面板中单击 ◎ 按钮进入几何体面板,选择 Standard Primitives ▼ 类型,单击 Box 按钮,创建一个如图3-74所示的box盒子,并将其塌陷成可编辑多边形。激活 □ 按钮,选择如图3-75所示的面,单击 Extrude □ 按钮右边的小方框,在弹出的对话框中设置参数,对所选的面进行挤压处理并进行调整,效果如图3-76所示。

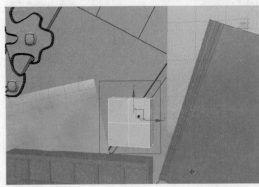
图3-74

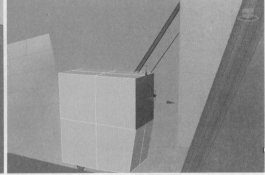
图3-75

3
Chapter

1
Chapter
(p1~14)

2
Chapter
(p15~52)

3
Chapter
(p53~98)

4
Chapter
(p99~140)

5
Chapter
(p141~178)

6
Chapter
(p179~212)

7
Chapter
(p213~240)

8
Chapter
(p241~272)

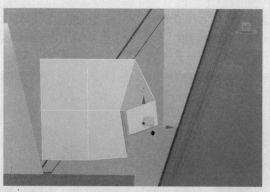

图3-76

激活 ✓ 按钮，选择如图3-77所示的曲线，单击 `Connect ▢` 按钮右边的小方框，在弹出的对话框中设置参数，给物体添加新的曲线，效果如图3-78所示。然后单击鼠标右键，在弹出的快捷菜单中选择 `NURMS Toggle` 选项，进行光滑处理，效果如图3-79所示。

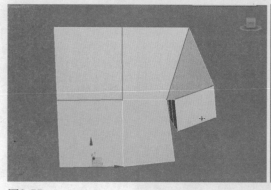

图3-77   图3-78

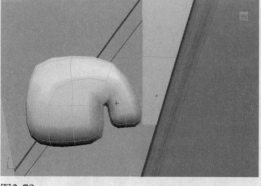

图3-79

提　示

`NURMS Toggle` 是对物体进行光滑处理的命令，使用此命令可以使直棱直角的物体变得光滑。

以上步骤的操作录像参考本书1号光盘"视频教学\第3章\4.wmv"文件从第4分钟45秒到第8分钟04秒处。

3.4.2 花瓶和烛台的制作

首先我们来制作花瓶。

在命令面板中单击 ↘ 按钮进入创建命令面板，在创建命令面板中单击 ⬡ 按钮进入二维命令面板，选择 `Splines ▼` 类型，单击 `Line` 按钮，对照参考图勾勒出花瓶的外形，效果如图3-80所示。激活 ∨ 按钮，选中线条，单击 Outline 按钮进行扩边处理，效果如图3-81所示。然后单击 ⚙ 按钮，在 Modifier List ▼ 类型下添加 Lathe 修改命令，进行旋转处理，效果如图3-82所示。

图3-80   图3-81

图3-82

接下来我们来制作烛台和蜡烛。

Step 2 在命令面板中单击 ⚲ 按钮进入创建命令面板，在创建命令面板中单击 ◉ 按钮进入几何体面板，选择 Standard Primitives ▼ 类型，单击 Cylinder 按钮，创建一个如图3-83所示的圆柱体。然后在 Parameters 卷展栏下设置它的分段数，将圆柱体塌陷成可编辑多边形。激活 □ 按钮，选择如图3-84所示的面，进行调整，效果如图3-85所示。然后单击 Bevel □ 按钮右边的小方框，在弹出的对话框中设置参数，对所选面进行多次斜角挤压，效果如图3-86所示。（想多次挤压，就在弹出的对话框中单击 Apply 按钮）

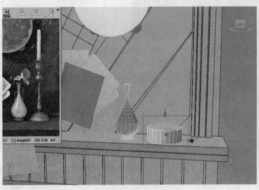
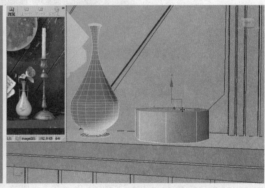

图3-83   图3-84

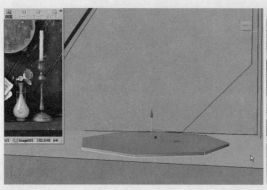
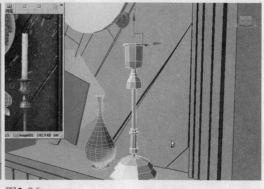

图3-85   图3-86

Step 3 选择如图3-87所示的面，单击 `Bevel ☐` 按钮右边的小方框，在弹出的对话框中设置参数，对所选面进行多次斜角挤压，效果如图3-88所示。

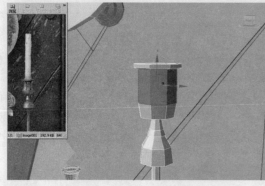
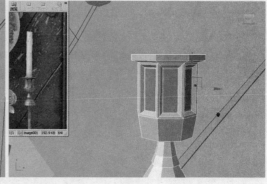

图3-87   图3-88

Step 4 在命令面板中单击 ☆ 按钮进入创建命令面板，在创建命令面板中单击 ◯ 按钮进入几何体面板，选择 `Standard Primitives ▾` 类型，单击 `Cylinder` 按钮，创建一个如图3-89所示的圆柱体作为蜡烛。然后将圆柱体复制一个并缩小，作为灯芯，如图3-90所示。选择小圆柱体，单击 ⁄ 按钮，在 `Modifier List ▾` 类型下添加 **Bend** 修改命令，进行弯曲处理。在 `Parameters` 卷展栏下设置弯曲参数，如图3-91所示。最终效果如图3-92所示。

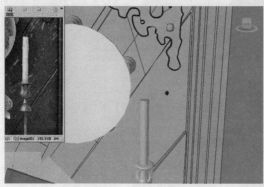
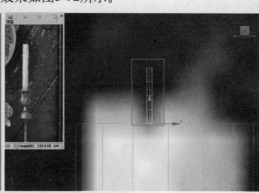

图3-89   图3-90

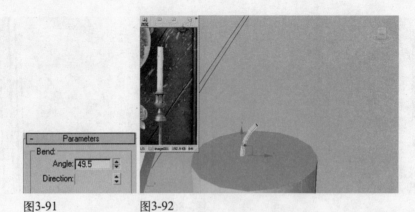

图3-91   图3-92

以上步骤的操作录像参考本书1号光盘"视频教学\第3章\4.wmv"文件从第8分钟04秒到第21分钟24秒处。

3.4.3 小提琴的制作

Step 1 小提琴的模型我们已经做好了，只需要调用就可以了。单击工具栏上的 `File` 按钮，在弹出的下拉菜单中选择 `Merge...` 选项，弹出如图3-93所示的对话框。我们找到小提琴的工程文件（本书1号配套光盘"视频教学\第3章"目录下的"小提琴.max"文件），然后单击【打开】按钮，会弹出如图3-94所示的对话框。单击该对话框上的 `All` 按钮，选中所有物体，单击 `OK` 按钮完成即可，效果如图3-95所示。

图3-93   图3-94

图3-95

Step 2 接下来，我们来制作绳子。在命令面板中单击 🔧 按钮进入创建命令面板，在创建命令面板中单击 ⚬ 按钮进入二维命令面板，选择 Splines 类型，单击 Line 按钮，对照参考图绘制一条如图3-96所示的线。然后在 - Rendering 卷展栏下勾选如图3-97所示的两个选项的复选框，显示线条，选择点进行细节调整，效果如图3-98所示。

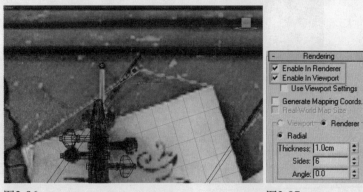

图3-96　　　　　　　　　　　　　　　　　　　　图3-97

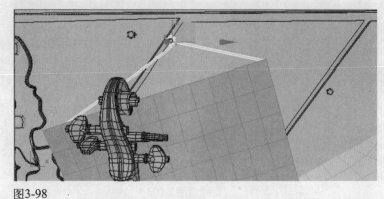

图3-98

以上步骤的操作录像参考本书1号光盘"视频教学\第3章\4.wmv"文件从第21分钟24秒到视频结束处。

3.4.4 玫瑰花的制作

Step 1 在命令面板中单击 🔧 按钮进入创建命令面板，在创建命令面板中单击 ⚬ 按钮进入几何体面板，选择 Standard Primitives 类型，单击 Plane 按钮，创建一个如图3-99所示的面片。然后将其塌陷成可编辑多变形，并添加新的曲线进行调整，制作出花瓣，效果如图3-100所示。然后选择花瓣进行复制并调整它们的位置，效果如图3-101所示。

图3-99

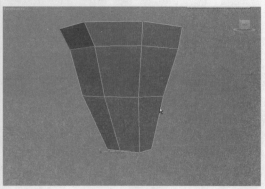

图3-100

3
Chapter

1
Chapter
(p1～14)

2
Chapter
(p15～52)

3
Chapter
(p53～98)

4
Chapter
(p99～140)

5
Chapter
(p141～178)

6
Chapter
(p179～212)

7
Chapter
(p213～240)

8
Chapter
(p241～272)

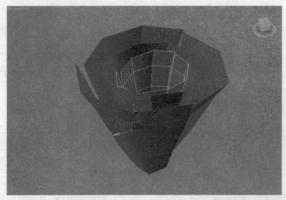

图3-101

Step 2 同样创建一个如图3-102所示的面片，并塌陷成可编辑多边形。然后添加曲线并进行调整，制作出叶子，如图3-103所示。然后选择叶子进行复制并调整到合适的位置，效果如图3-104所示。

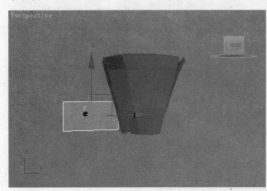

图3-102

图3-103

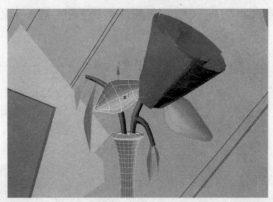

图3-104

以上步骤的操作录像参考本书1号光盘"视频教学\第3章\5.wmv"文件。

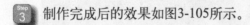

Step 3 制作完成后的效果如图3-105所示。

图3-105

好了，模型到这里就制作完成了。具体的操作方法请参考配套的视频教学光盘。

3.5 灯光的设置

3ds max VRay

重点提示：本例通过制作一个真实的杂乱场景来体验VRay强大的渲染功能。

首先设置场景中的灯光。

Step 1 打开本书1号配套光盘"视频教学\第3章"目录下的"max完成.max"场景文件，这是本例制作的模型，如图3-106所示。

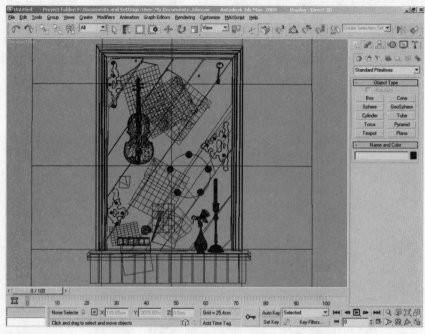

图3-106

Step 2 首先来设置主光源。在 ✎建立命令面板中单击 `Target Spot` 按钮，在场景中建立一盏目标聚光灯，具体位置如图3-107所示。

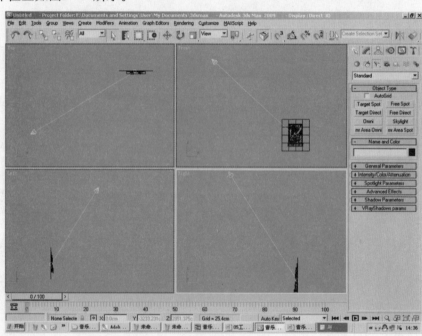

图3-107

Step 3 在修改命令面板中设置目标聚光灯参数，如图3-108所示。

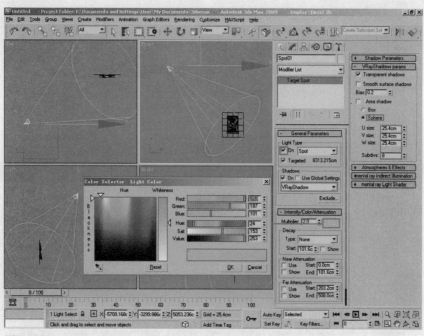

图3-108

Step 4 接下来设置辅助光源面光源。在建立命令面板单击 **VRayLight** 按钮，在场景中建立两盏面光源，具体位置如图3-109所示。

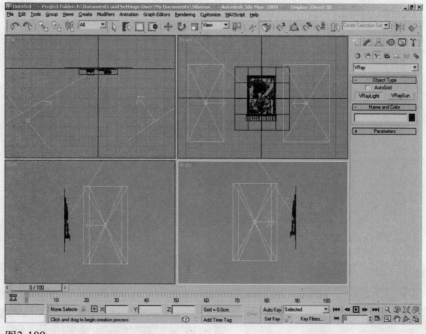

图3-109

Step 5 在修改命令面板中设置面光源参数如图3-110和3-111所示。

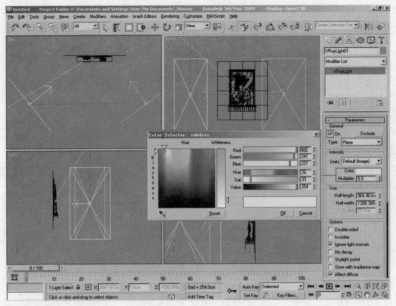

图3-110

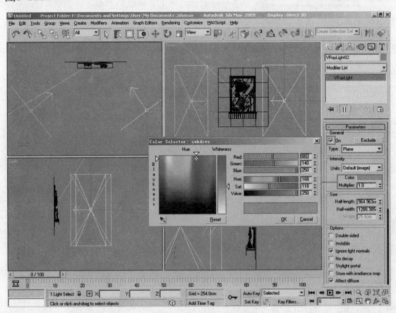

图3-111

3.6 渲染设置

3ds max VRay

　　重点提示：在VRay渲染菜单中设置渲染参
数。

下面我们来进行渲染设置。

Step 1 按【F10】键打开渲染对话框，设置当前渲染器为VRay，如图3-112所示。

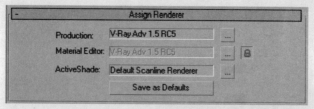

图3-112

Step 2 下面我们来设置场景的照明贴图。打开 V-Ray:: Image sampler (Antialiasing) 卷展栏，设置抗锯齿参数如图3-113所示。

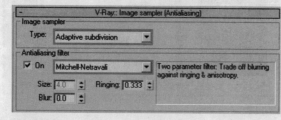

图3-113

Step 3 在 V-Ray:: Indirect illumination (GI) 卷展栏中，设置参数如图3-114所示。这是间接照明参数。

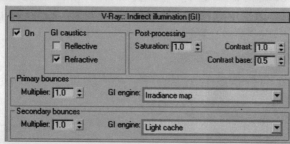

图3-114

Step 4 在 V-Ray:: Light cache 卷展栏设置参数如图3-115所示。这是灯光贴图设置。

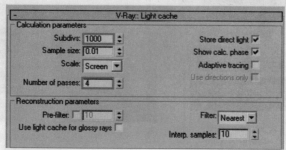

图3-115

Step 5 在 V-Ray:: rQMC Sampler 卷展栏设置参数如图3-116所示。这是准蒙特卡罗采样设置。

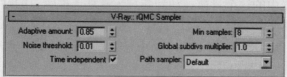

图3-116

Step 6 在 V-Ray:: Environment 卷展栏中激活 GI Environment (skylight) override 区域的 On 复选框，设置天光色为蓝色，如图3-117所示。

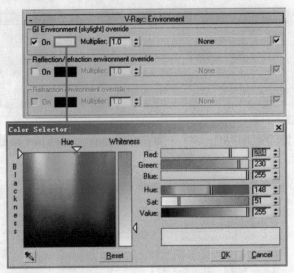

图3-117

下面我们来测试灯光效果。

Step 7 按【M】键打开材质编辑器，选择一个空白样本球，单击 Standard 按钮，在弹出的 Material/Map Browser 对话框中选择 ⬤ VRayMtl 材质类型，设置"Diffuse"的颜色为灰色，如图3-118所示。

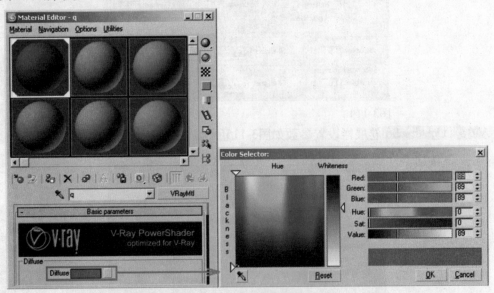

图3-118

Step 8 按【F10】键打开渲染对话框，在 V-Ray:: Global switches 卷展栏中激活 Override mtl 复选框，然后将刚才在材质编辑器中的这个材质拖动到 Override mtl 复选框旁边的贴图按钮上，如图3-119所示。

3
Chapter
◀

1
Chapter
(p1～14)

2
Chapter
(p15～52)

3
Chapter
(p53～98)

4
Chapter
(p99～140)

5
Chapter
(p141～178)

6
Chapter
(p179～212)

7
Chapter
(p213～240)

8
Chapter
(p241～272)

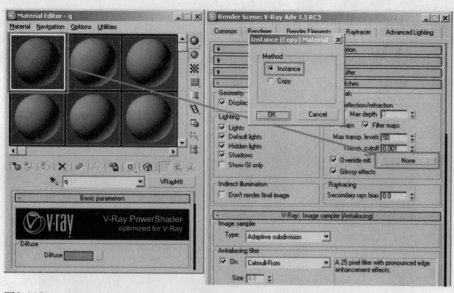

图3-119

此时的渲染效果如图3-120所示。测试完成后将 Override mtl 复选框关闭。

图3-120

3.7 设置背景材质

3ds max VRay

重点提示：使用标准材质样式设置背景材质。

背景材质包括黄色砖墙材质和绿色木质材质。

Step 1 先来设置砖墙材质。打开材质编辑器，设置材质样式为标准材质，设置Shader类型为Blinn方式；设置Diffuse贴图为本书2号配套光盘maps目录下的"metal1.jpg"文件，参数设置如图3-121所示。

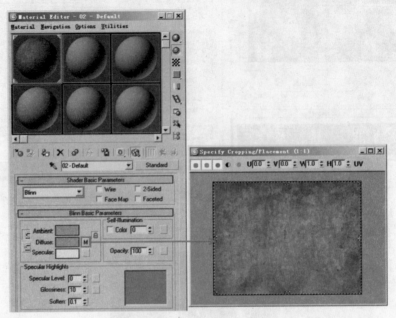

图3-121

Step 2 打开Maps 卷展栏，设置Bump贴图为本书2号配套光盘maps目录下的"brck2dLb.jpg"文件，设置贴图强度为70，具体参数设置如图3-122所示。

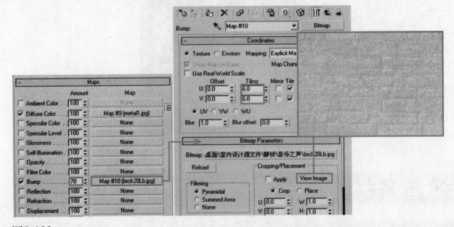

图3-122

Step 3 接下来设置木质材质。打开材质编辑器，设置材质样式为标准材质，设置Shader类型为Phong方式；设置Diffuse贴图为本书2号配套光盘maps目录下的"wood.jpg"文件，参数设置如图3-123所示。

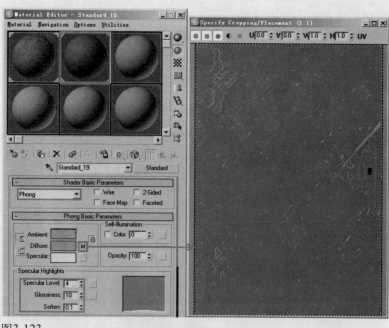

图3-123

Step 4 将所设置的材质赋予背景模型，渲染效果如图3-124所示。

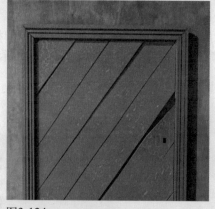

图3-124

3.8 设置小提琴材质

重点提示：使用VRayMtl材质样式设置小提琴的材质。

3 Chapter

1 Chapter
(p1～14)

2 Chapter
(p15～52)

3 Chapter
(p53～98)

4 Chapter
(p99～140)

5 Chapter
(p141～178)

6 Chapter
(p179～212)

7 Chapter
(p213～240)

8 Chapter
(p241～272)

小提琴材质包括琴体材质、琴座材质、琴弦材质、旋钮材质和琴马材质。

Step 1 先来设置琴体材质。打开材质编辑器，设置材质样式为 ● VRayMtl 材质，设置Diffuse贴图为本书2号配套光盘maps目录下的"madarco.jpg"文件，参数设置如图3-125所示。

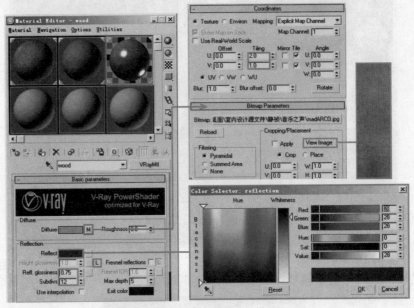

图3-125

Step 2 接下来设置琴弦材质。打开材质编辑器，设置材质样式为标准材质，设置Shader类型为Phong方式；设置Diffuse颜色为黑色，参数设置如图3-126所示。

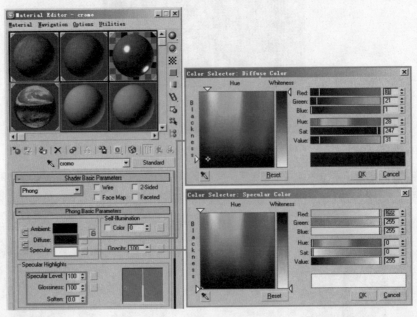

图3-126

Step 3 打开Maps卷展栏，设置Reflection贴图为本书2号配套光盘maps目录下的"lakeREM.jpg"文件，设置贴图强度为60，具体参数设置如图3-127所示。

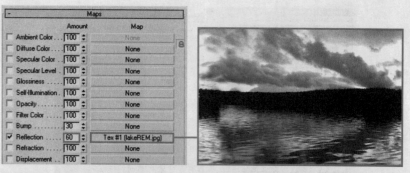

图3-127

Step 4 接下来设置旋钮材质。打开材质编辑器，设置材质样式为标准材质，设置Shader类型为 Phong方式；设置Diffuse贴图为本书2号配套光盘maps目录下的"madarco.jpg"文件，参数设 置如图3-128所示。

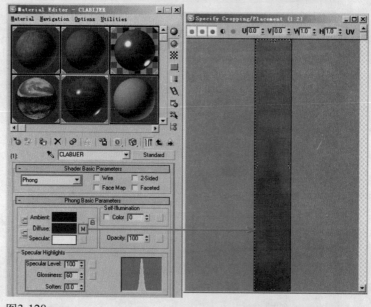

图3-128

Step 5 打开Maps卷展栏，设置Reflection贴图为本书2号配套光盘maps目录下的"lakeREM.jpg"文 件，设置贴图强度为10，具体参数设置如图3-129所示。

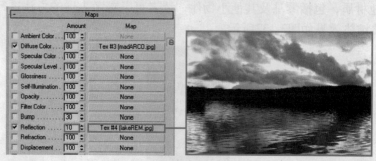

图3-129

Step 6 设置琴座材质。打开材质编辑器，设置材质样式为标准材质，设置Shader类型为Phong方 式；设置Diffuse贴图为本书2号配套光盘maps目录下的"madarco.jpg"文件，参数设置如图 3-130所示。

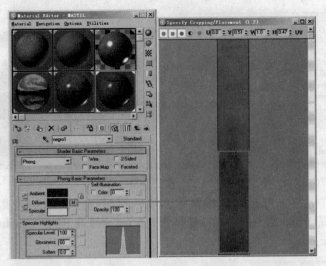

图3-130

Step 7 打开Maps卷展栏，在Bump通道中添加一个Noise贴图，设置贴图强度为50；同时在Reflection通道中添加一个VRayMap贴图，设置贴图强度为10，具体参数设置如图3-131所示。

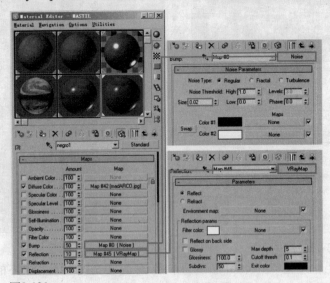

图3-131

　　小提琴的其他材质，包括琴马及其他小物件，读者可以参考上述的方法进行设置，这里不再赘述。小提琴最终渲染效果如图3-132所示。

图3-132

3.9 设置稿件材质

重点提示：使用标准材质样式设置稿件的材质。

稿件材质为纸质材质，新旧程度各有不同。下面我们就来设置场景中的纸张材质。

Step 1 设置乐谱材质。打开材质编辑器，设置材质样式为标准材质，设置Shader类型为Phong方式；设置Diffuse贴图为本书2号配套光盘maps目录下的"乐谱1.jpg"文件，参数设置如图3-133所示。

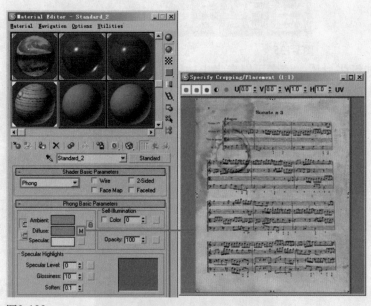

图3-133

Step 2 设置乐谱封面材质。打开材质编辑器，设置材质样式为标准材质，设置Shader类型为Phong方式；设置Diffuse贴图为本书2号配套光盘maps目录下的"乐谱封面2.jpg"文件，参数设置如图3-134所示。

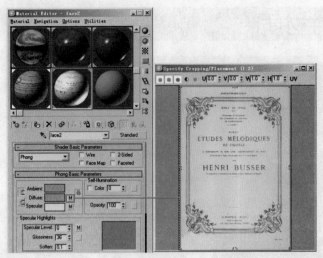

图3-134

Step 3 打开Maps卷展栏，将Diffuse Color贴图关联复制到Specular Color和Specular Level通道中，参数设置如图3-135所示。

图3-135

场景中的其他纸张材质，读者可以参考上述纸张材质的设置方法进行设置，这里不再赘述，最终渲染效果如图3-136所示。

图3-136

3.10 设置生锈金属材质

3ds max VRay

3 Chapter

1 Chapter (p1~14)

2 Chapter (p15~52)

3 Chapter (p53~98)

4 Chapter (p99~140)

5 Chapter (p141~178)

6 Chapter (p179~212)

7 Chapter (p213~240)

8 Chapter (p241~272)

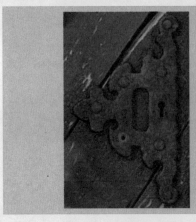

重点提示：使用VRayMtl材质样式设置生锈的合页的材质。

Step 1 打开材质编辑器，设置材质样式为 ◉VRayMtl 材质，设置Diffuse贴图为本书2号配套光盘maps目录下的"rust_color.jpg"文件，参数设置如图3-137所示。

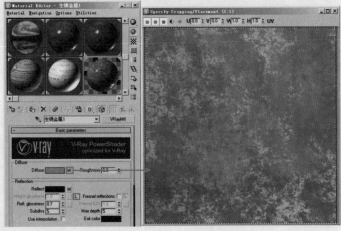

图3-137

Step 2 打开Maps卷展栏，设置Reflect贴图为本书2号配套光盘maps目录下的"rust_spec2.jpg"文件，设置贴图强度为60；同时设置Bump贴图为本书2号配套光盘maps目录下的"rust_bump.jpg"文件，设置贴图强度为20，具体参数设置如图3-138所示。

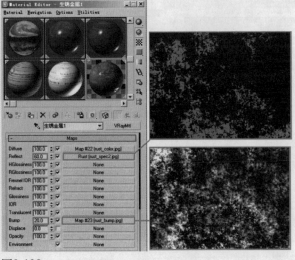

图3-138

Step 3 将所设置的材质赋予对应模型，渲染效果如图3-139所示。

图3-139

3.11　设置钥匙材质

3ds max VRay

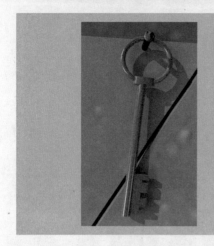

重点提示：使用标准材质样式设置钥匙的材质。

钥匙材质为铜质材质，下面我们就来详细设置参数。

Step 1 打开材质编辑器，设置材质样式为标准材质，设置Shader类型为Metal方式；设置Diffuse贴图为本书2号配套光盘maps目录下的"metal1.jpg"文件，参数设置如图3-140所示。

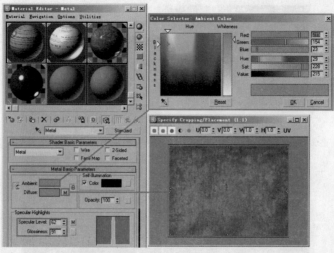

图3-140

Step 2 打开Maps卷展栏，在Specular Level通道中添加一个Noise贴图，设置贴图强度为40，同时在Reflection通道中添加一个Raytrace贴图，具体参数设置如图3-141所示。

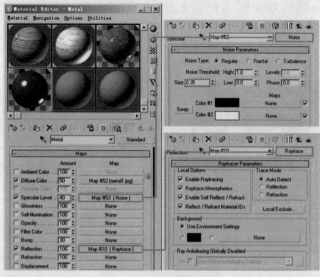

图3-141

Step 3 将所设置的材质赋予钥匙模型，渲染效果如图3-142所示。

图3-142

3.12 设置花瓶材质

3ds max VRay

重点提示：使用标准材质样式设置花瓶和花的材质。

花瓶材质包括陶瓷材质、叶子材质和鲜花材质。

Step 1 先来设置陶瓷材质。打开材质编辑器，设置材质样式为标准材质，设置Shader类型为Blinn方式；设置Diffuse贴图为本书2号配套光盘maps目录下的"花瓶.jpg"文件，参数设置如图3-143所示。

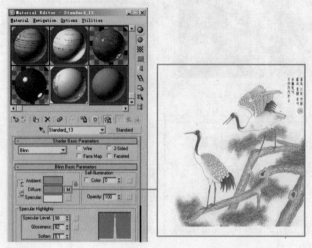

图3-143

Step 2 打开Maps卷展栏，在Reflection通道中添加一个VRayMap贴图，设置贴图强度为30，具体参数设置如图3-144所示。

图3-144

Step 3 接下来设置叶子材质。打开材质编辑器，设置材质样式为标准材质，设置Shader类型为Translucent Shader方式；在Diffuse通道中添加一个Gradient Ramp贴图，参数设置如图3-145所示。

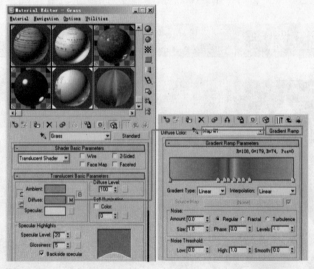

图3-145

Step 4 打开Maps卷展栏，在Translucent Color通道中添加一个Gradient贴图，同时在Bump通道中添加一个Gradient Ramp贴图，设置贴图强度为4.0，具体参数设置如图3-146所示。

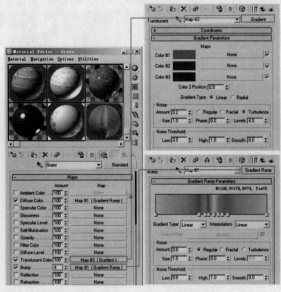

图3-146

Step 5 接下来设置鲜花材质。打开材质编辑器，设置材质样式为标准材质，设置Shader类型为Translucent Shader方式；在Diffuse通道中添加一个Falloff贴图，参数设置如图3-147所示。

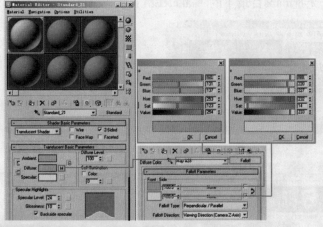

图3-147

Step 6 将所设置的材质赋予花瓶模型，渲染效果如图3-148所示。

图3-148

3.13 设置蜡烛材质

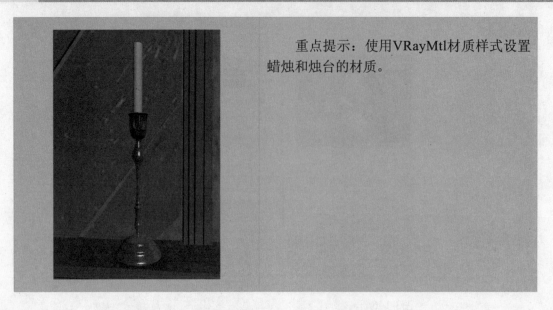

重点提示：使用VRayMtl材质样式设置蜡烛和烛台的材质。

蜡烛材质包括金属烛台材质和蜡质材质组成。

Step 1 先来设置金属烛台材质。打开材质编辑器，设置材质样式为 ● VRayMtl 材质，设置Diffuse贴图为本书2号配套光盘maps目录下的"lakeREM.jpg"文件，参数设置如图3-149所示。

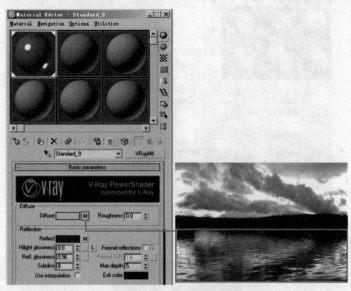

图3-149

Step 2 打开Maps卷展栏，设置Reflect贴图为本书2号配套光盘maps目录下的"lakeREM.jpg"文件，设置贴图强度为80；同时在Bump通道中添加一个Noise贴图，设置贴图强度为30，具体参数设置如图3-150所示。

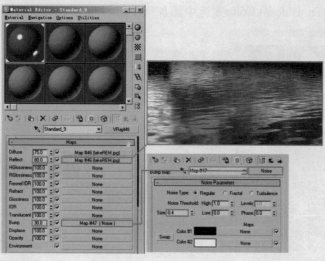

图3-150

Step 3 接下来设置蜡质材质。打开材质编辑器，设置材质样式为标准材质，设置Shader类型为Translucent Shader方式；设置Diffuse颜色为黄色，具体参数设置如图3-151所示。

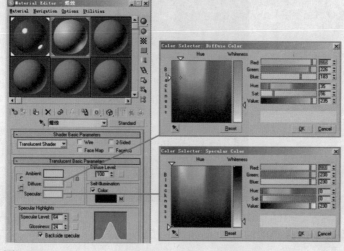

图3-151

Step 4 打开Maps卷展栏，在Self-Illumination通道中添加一个Mix贴图，具体参数设置如图3-152所示。

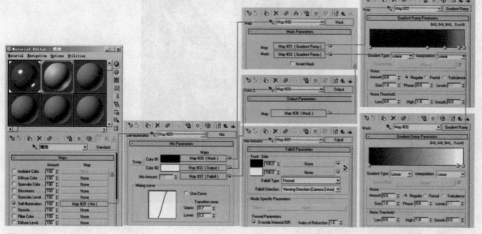

图3-152

Step 5 在Maps卷展栏的Translucent Color通道中添加一个Mask贴图，具体参数设置如图3-153所示。

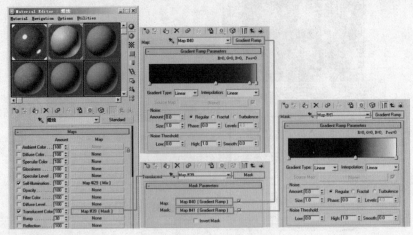

图3-153

Step 6 将所设置的材质赋予蜡烛模型，渲染效果如图3-154所示。

图3-154

现在材质都设置好了，最终的渲染效果如图3-155所示。

图3-155

第4章 陶瓷金属质感

　　本章的案例建模特点是：利用基本几何物体建模；将物体转变成可编辑多边形，结合Poly工具对模型进行塑造；学会使用Connect（连接）、Bevel（斜角挤压）、Attach（合并）、Detach（分离）、Chamfer（倒切角）等Poly工具的使用；学会使用 NURMS Toggle命令对模型进行光滑处理。

　　本章的案例结构特点是：在本章中我们来制作一款洗手间模型场景，场景中模型包括水盆、杯子、牙刷、毛巾、壁画和香皂等。

　　本章的案例材质特点是：背景材质为乳胶漆墙体材质、亚光漆墙体材质和木质地板材质，主体材质为白瓷材质、不锈钢材质、镜子材质和布料材质。

　　本章的案例灯光特点是：以VRayLight面光源进行窗口的暖色补光和室内补光，使用Target Point点光源模拟射灯照明。

在 本例中，我们来制作一款洗手间模型，可以看到，不锈钢材质和白瓷材质都闪烁着高光，通过镜子，也使室内的空间感更加强烈，再加上窗口灯光和室内灯光的照射，整个洗手间显得异常绚丽。

效果图如图4-1所示。

图4-1

4.1 墙体部分的制作

3ds max VRay

重点提示：使用基本几何物体box来制作墙体部分。使用其他基本几何物体结合poly工具制作其他物体的模型。

这一章我们来制作卫生间的一角，模型的制作没有多少难度，重点主要在于后期渲染的时候要体现出陶瓷与金属质感之间的对比。

4.1.1 墙体制作

下面我们首先来制作墙体结构。

Step 1 打开3ds max，选择一个我们所需要的视图，然后按【Alt+B】组合键，调出背景设置面板。单击Background Source对话框中的【Files】按钮，找到与视图相对应的素材图片，参数设置如图4-2所示。我们在前视图（Front）中导入参考图片，作为参考。

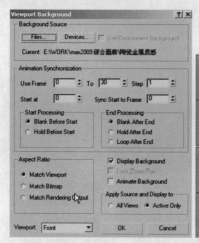
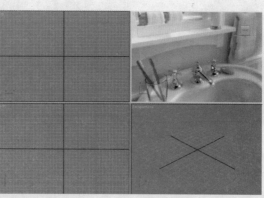

图4-2

Step 2 在命令面板中单击 按钮进入创建命令面板，在创建命令面板中单击 按钮进入几何体面板，选择 Standard Primitives 类型，单击 Plane 按钮，在Front前视图中创建一个面片作为墙体，如图4-3所示。然后单击 Box 按钮，创建一个如图4-4所示的box盒子。选中box盒子，单击鼠标右键，在弹出的快捷菜单中选择 Convert to Editable Poly 命令，将模型塌陷成为可编辑的多边形。

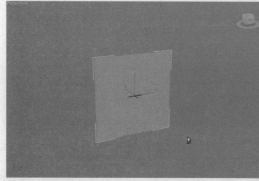
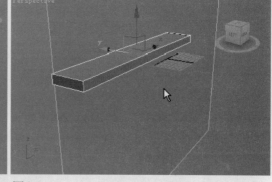

图4-3 图4-4

Step 3 将box盒子进行复制并调整其形状，效果如图4-5所示。然后选中被修改后的box盒子，向另一边复制一个，效果如图4-6所示。

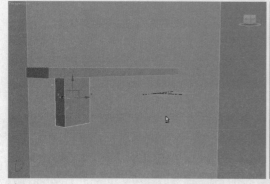
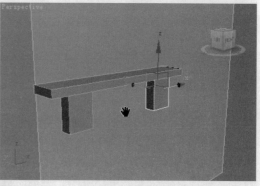

图4-5 图4-6

Step 4 选中其中一个被修改的box盒子，单击 Attach 按钮，拾取另一个被修改的box盒子，将它们合并在一起。然后激活 按钮，选择如图4-7所示的点，进行调整，效果如图4-8所示。

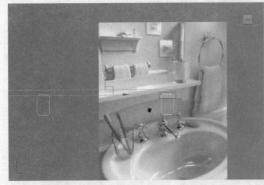

图4-7　　　　　　　　　　　　　　　　　　图4-8

Step 5 在命令面板中单击 按钮进入创建命令面板，在创建命令面板中单击 按钮进入二维命令面板，选择 Splines 类型，单击 Rectangle 按钮，创建一个如图4-9所示的矩形框。选中矩形框，单击鼠标右键，在弹出的快捷菜单中选择 Convert to Editable Spline 命令，将线框转变成可编辑线框。激活 按钮，选择如图4-10所示的曲线，单击 Divide 按钮，添加新的点并进行调整，效果如图4-11所示。然后单击 按钮进入修改面板，添加 Extrude 修改命令，对线框进行挤压处理，效果如图4-12所示。

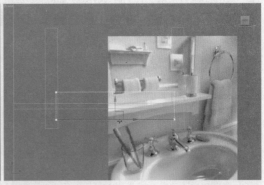

图4-9　　　　　　　　　　　　　　　　　　图4-10

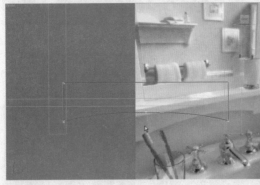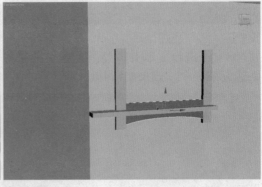

图4-11　　　　　　　　　　　　　　　　　　图4-12

Step 6 在命令面板中单击 按钮进入创建命令面板，在创建命令面板中单击 按钮进入二维命令面板，选择 Splines 类型，单击 Line 按钮，绘制出一条如图4-13所示的线条。单击 按钮进入修改面板，激活 按钮，选择如图4-14所示的点，单击 Fillet 按钮，进行倒角处理，效果如图4-15所示。然后给线条添加 Extrude 修改命令，进行挤压处理，效果如图4-16所示。

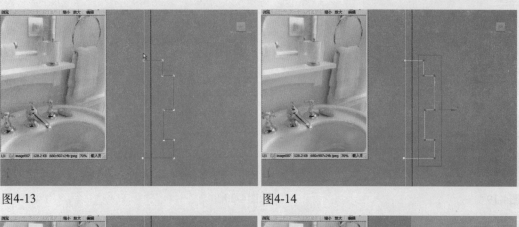

图4-13   图4-14

图4-15   图4-16

以上步骤的操作录像参考本书1号光盘"视频教学\第4章\1.avi"文件第01秒到6分钟45秒处。

4.1.2 毛巾架和毛巾的制作

下面我们来制作毛巾架和毛巾。

Step 1 在命令面板中单击 按钮进入创建命令面板，在创建命令面板中单击 按钮进入几何体面板，选择 Standard Primitives 类型，单击 Cylinder 按钮，创建一个如图4-17所示的圆柱体。单击鼠标右键，在弹出的快捷菜单中选择 Convert to Editable Poly 命令，将模型塌陷成为可编辑的多边形。然后激活 按钮，选择如图4-18所示的面。单击 Bevel 按钮右边的小方框，在弹出的对话框中设置参数，对所选面进行多次斜角挤压处理（在斜角挤压过程中，单击弹出对话框上的 Apply 按钮，就可以在原有挤压基础上继续进行挤压）。选择挤压后的物体，单击右键在弹出的对话框中选择 NURMS Toggle 选项，进行光滑处理，效果如图4-19所示。最后在命令面板中单击 按钮进入创建命令面板，在创建命令面板中单击 按钮进入几何体面板，选择 Standard Primitives 类型，单击 Torus 按钮，创建一个如图4-20所示的圆环。这样毛巾架我们就制作好了。

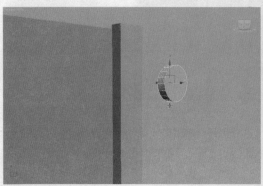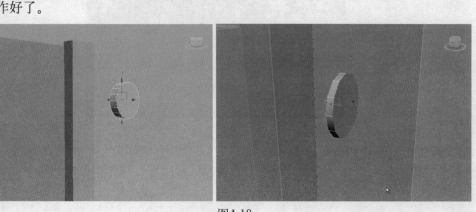

图4-17   图4-18

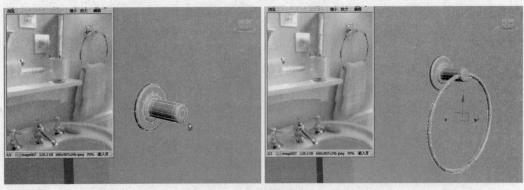

图4-19   图4-20

 　　Bevel □是斜角挤压的意思。是Extrude工具和Outline工具的结合。Bevel工具对多边形面挤压以后还可以让面沿着自身的平面坐标进行放大和缩小。 NURMS Toggle 是对物体进行光滑处理的命令，使用此命令可以使直角的物体变得光滑。

Step 2 在命令面板中单击 ↖ 按钮进入创建命令面板，在创建命令面板中单击 ● 按钮进入几何体面板，选择 Standard Primitives ▾ 类型，单击 Box 按钮，创建一个box盒子，如图4-21所示。然后单击鼠标右键，在弹出的快捷菜单中选择 Convert to Editable Poly 命令，将模型塌陷成为可编辑的多边形。激活 ✓ 按钮，选择如图4-22所示的曲线，沿Z轴向下移动，效果如图4-23所示。

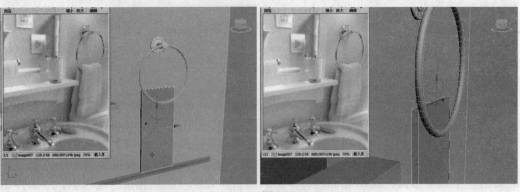

图4-21   图4-22

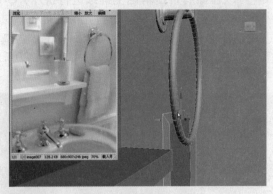

图4-23

Step 3 激活 □ 按钮，选择如图4-24所示的面，按【Delete】键删除。然后激活 ○ 按钮，选择如图4-25所示的曲线，按住【Shift】键对照参考图进行拉伸，制作出毛巾的基本形状。效果如图4-26所示。

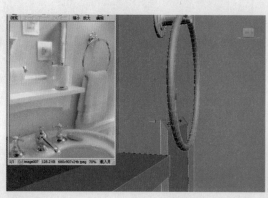

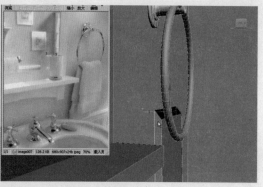

图4-24　　　　　　　　　　　　　　　　　图4-25

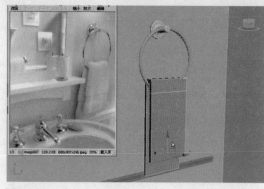

图4-26

Step 4　激活 ◁ 按钮，选择毛巾的曲线，使用 Connect □ 工具给物体添加曲线，效果如图4-27所示。然后激活 ∷ 按钮，选择点进行调整，效果如图4-28所示。

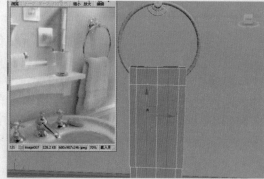

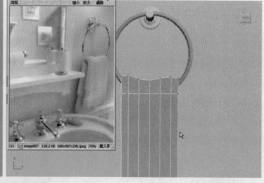

图4-27　　　　　　　　　　　　　　　　　图4-28

提　示　　Connect □命令用于添加新的曲线，此命令可以随时给物体添加曲线，并进行调整，对塑造物体很有帮助。

Step 5　继续给物体添加曲线并进行调整。然后激活 □ 按钮，选择如图4-29所示的面，单击 Bevel □ 按钮右边的小方框，在弹出的对话框中设置参数，对所选面进行斜角挤压，效果如图4-30所示。光滑处理后的效果如图4-31所示。

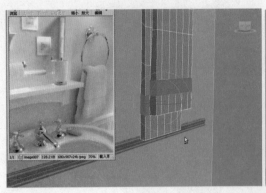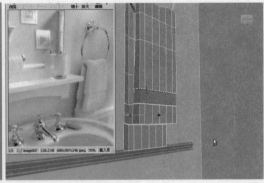

图4-29　　　　　　　　　　　　　　图4-30

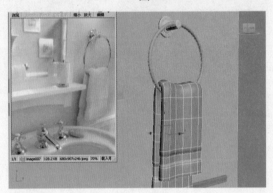

图4-31

　　以上步骤的操作录像参考本书1号光盘"视频教学\第4章\1.avi"文件第6分钟45秒到18分钟10秒处。

4.1.3 杯子的制作

在命令面板中单击 按钮进入创建命令面板，在创建命令面板中单击 按钮进入几何体面板，选择 Standard Primitives 类型，单击 Cylinder 按钮，创建一个如图4-32所示的圆柱体。单击鼠标右键，在弹出的快捷菜单中选择 Convert to Editable Poly 选项，将模型塌陷成为可编辑的多边形。激活 按钮，选择如图4-33所示的面，单击 Bevel 按钮右边的小方框，在弹出的对话框中设置参数，对所选面进行斜角挤压，效果如图4-34所示。

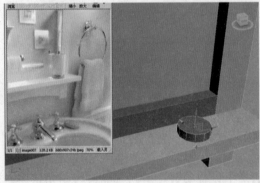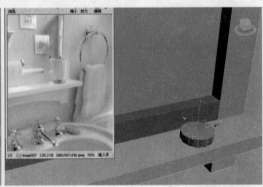

图4-32　　　　　　　　　　　　　　图4-33

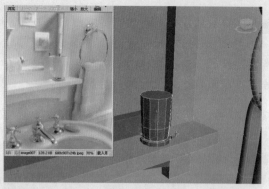

图4-34

Step 2 激活 ▢ 按钮，选择如图4-35所示的面，单击 Detach 按钮，将所选面分离出来。然后使用缩放工具进行调整，效果如图4-36所示。然后单击 Bevel ▢ 按钮右边的小方框，在弹出的对话框中设置参数，对分离出的面进行斜角挤压。效果如图4-37所示。

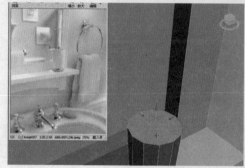

图4-35

图4-36

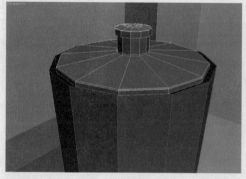

图4-37

Step 3 选择如图4-38所示的杯子。单击 ◢ 按钮进入修改面板，添加Shell修改命令，使杯子具有厚度。杯子光滑后的效果如图4-39所示。

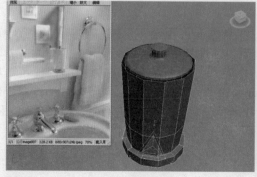

图4-38

图4-39

Detach 命令起着分离的作用，可以作用于子物体级。选择需要分离的子物体后，单击 Detach 按钮就会弹出Detach对话框，在这里可以对需要分离的子物体进行设置。Shell（双面）：给单面物体添加该修改命令，就可以使单面物体转变成双面物体，使物体产生厚度。

以上步骤的操作录像参考本书1号光盘"视频教学\第4章\1.avi"文件第18分钟10秒到视频结束处。

Step 4 墙体部分的物体已经制作完成，效果如图4-40所示。

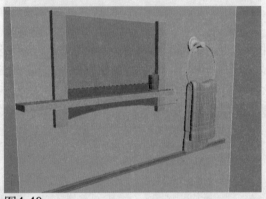

图4-40

4.2 洗手池的制作

重点提示：使用球体来制作出洗手池的基本模型，然后将其转变成可编辑多变形，使用poly工具进行细节制作。

下面我们来制作洗手池。

 首先我们将墙体上的装饰木条制作出来。在命令面板中单击 按钮进入创建命令面板，在创建命令面板中单击 按钮进入几何体面板，选择 Standard Primitives 类型，单击 Box 按钮，创建一个如图4-41所示的box盒子。然后单击鼠标右键，在弹出的快捷菜单中选择 Convert to Editable Poly 命令，将模型塌陷成为可编辑的多边形。使用 Connect 工具命令给物体添加曲线并进行调整，得到的效果如图4-42所示。然后将木条进行复制，效果如图4-43所示。

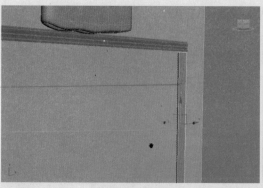

图4-41   图4-42

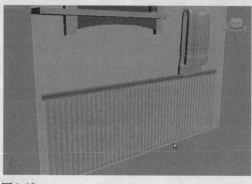

图4-43

Step 2 接下来，我们来制作洗手池。在命令面板中单击 按钮进入创建命令面板，在创建命令面板中单击 按钮进入几何体面板，选择 Standard Primitives ▼ 类型，单击 Sphere 按钮，创建一个如图4-44所示的球体。单击鼠标右键，在弹出的快捷菜单中选择 Convert to Editable Poly 命令，将模型塌陷成为可编辑的多边形。激活 按钮，选择如图4-45所示的点，按【Delete】键删除。然后使用缩放工具进行调整，效果如图4-46所示。

图4-44   图4-45

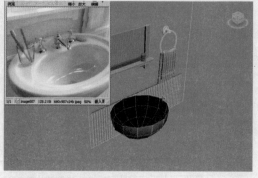

图4-46

Step 3 激活 🖰 按钮，选择如图4-47所示的曲线，按着【Shift】键，对照参考图进行多次拉伸并调整，效果如图4-48所示。

图4-47   图4-48

Step 4 激活 🖰 按钮，选择如图4-49所示的点，按【Delete】键删除。然后激活 🖰 按钮，选择如图4-50所示的曲线，按着【Shift】键进行逆光多次拉伸并调整。效果如图4-51所示。

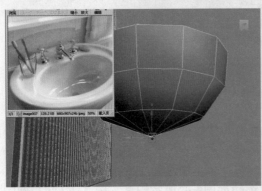

图4-49   图4-50

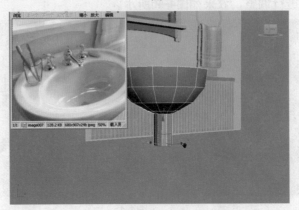

图4-51

Step 5 为了使模型更加光滑，我们激活 🖰 按钮，选择如图4-52所示的曲线，单击 Chamfer □ 按钮右边的小方框，在弹出的对话框中设置参数，对所选曲线进行倒角处理，效果如图4-53所示。同样选择如图4-54所示的曲线，进行倒角处理，效果如图4-55所示。

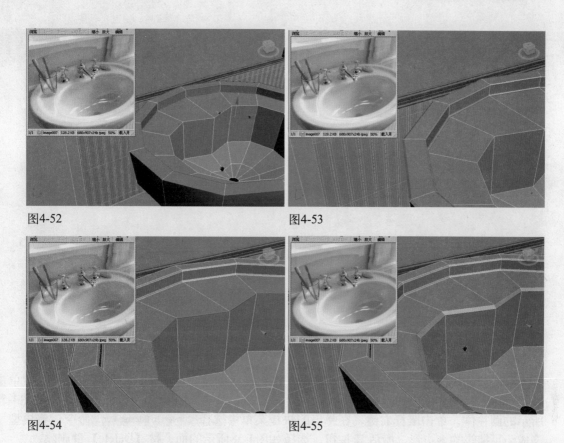

图4-52 　　　　　　　　　　　　　　　图4-53

图4-54 　　　　　　　　　　　　　　　图4-55

Chamfer □命令是切角的意思，相当于挤压时只左右鼠标将点分解的效果，使用方法和Extrude类似。

提　示

Step 6 选中洗手池模型，单击鼠标右键，在弹出的快捷菜单中选择 NURMS Toggle 选项，进行光滑处理，效果如图4-56所示。

图4-56

以上步骤的操作录像参考本书1号光盘"视频教学\第4章\2.avi"文件第01秒到10分钟50秒处。

4.3 杯子和牙刷的制作

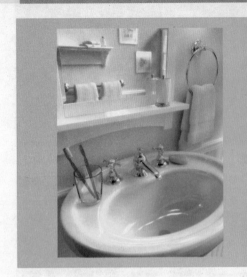

重点提示：基本几何物体建模，用poly工具进行细节塑造。

下面我们来制作杯子和牙刷。

Step 1 首先我们来制作杯子。在命令面板中单击 按钮进入创建命令面板，在创建命令面板中单击 按钮进入几何体面板，选择 Standard Primitives 类型，单击 Cylinder 按钮，创建一个如图4-57所示的圆柱体。单击鼠标右键，在弹出的快捷菜单中选择 Convert to Editable Poly 命令，将模型塌陷成为可编辑的多边形。激活 按钮，选择如图4-58所示的面，按【Delete】键删除。

图4-57

图4-58

Step 2 激活 按钮，选择如图4-59所示的曲线，进行调整，效果如图4-60所示。然后使用 Connect 工具命令给物体添加曲线并进行调整。杯子光滑后的效果如图4-61所示。

图4-59

图4-60

图4-61

以上步骤的操作录像参考本书1号光盘"视频教学\第4章\2.avi"文件第10分钟50秒到13分39秒处。

Step 3 下面我们来制作牙刷。在命令面板中单击 按钮进入创建命令面板，在创建命令面板中单击 按钮进入几何体面板，选择 Standard Primitives 类型，单击 Box 按钮，创建一个如图4-62所示的box盒子。单击鼠标右键，在弹出的快捷菜单中选择 Convert to Editable Poly 命令，将模型塌陷成为可编辑的多边形。然后给物体添加新的曲线，效果如图4-63所示。

图4-62

图4-63

Step 4 激活 按钮，选择如图4-64所示的面，单击 Bevel 按钮右边的小方框，在弹出的对话框中设置参数，对所选面进行斜角挤压，效果如图4-65所示。然后继续给物体添加曲线并进行调整，使用圆柱体制作出牙刷上的刷毛，效果如图4-66所示。最后将牙刷复制一个并进行位置调整，效果如图4-67所示。

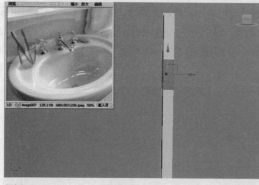

图4-64

图4-65

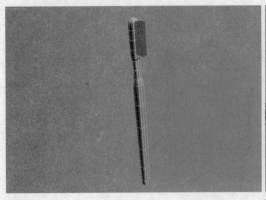

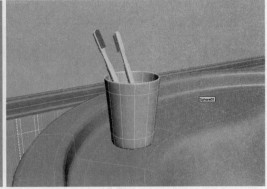

图4-66   图4-67

以上步骤的操作录像参考本书1号光盘"视频教学\第4章\2.avi"文件第13分39秒到视频结束处。

4.4 水龙头的制作

重点提示：创建一个圆柱体，然后将其转变成可编辑多边形。选择面，使用Bevel（斜角挤压）进行模型的制作。

下面我们来制作水龙头。

首先我们来制作水龙头的开关阀。在命令面板中单击 按钮进入创建命令面板，在创建命令面板中单击 按钮进入几何体面板，选择 Standard Primitives 类型，单击 Cylinder 按钮，创建一个如图4-68所示的圆柱体。单击鼠标右键，在弹出的快捷菜单中选择 Convert to Editable Poly 命令，将模型塌陷成为可编辑的多边形。激活 按钮，选择如图4-69所示的面。单击 Bevel 按钮右边的小方框，在弹出的对话框中设置参数，对所选面进行斜角挤压，效果如图4-70所示。

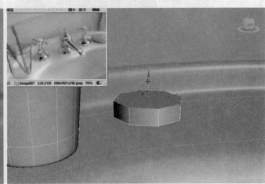

图4-68   图4-69

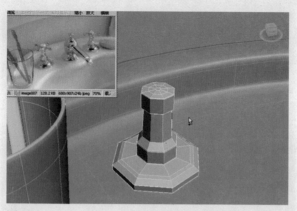

图4-70

Step 2 激活 ◻ 按钮，选择如图4-71所示的面，单击 Bevel ◻ 按钮右边的小方框，在弹出的对话框中设置参数，对所选面进行斜角挤压，效果如图4-72所示。

图4-71

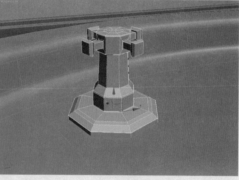

图4-72

Step 3 下面我们来制作水龙头。在命令面板中单击 按钮进入创建命令面板，在创建命令面板中单击 ◯ 按钮进入几何体面板，选择 Standard Primitives ▾ 类型，单击 Cylinder 按钮，创建一个如图4-73所示的圆柱体。单击鼠标右键，在弹出的快捷菜单中选择 Convert to Editable Poly 命令，将模型塌陷成为可编辑的多边形。激活 ◻ 按钮，选择如图4-74所示的面，单击 Bevel ◻ 按钮右边的小方框，在弹出的对话框中设置参数，对所选面进行斜角挤压，效果如图4-75所示。

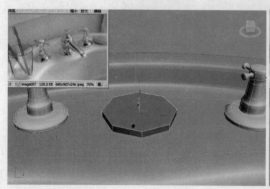

图4-73

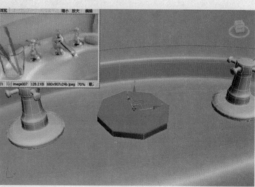

图4-74

图4-75

Step 4 激活▣按钮，选择如图4-76所示的面，单击 Bevel ▣按钮右边的小方框，在弹出的对话框中设置参数，对所选面进行斜角挤压，效果如图4-77所示。然后激活◁按钮，选择曲线进行调整，效果如图4-78所示。

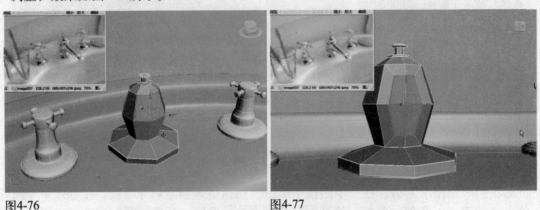

图4-76   图4-77

图4-78

Step 5 激活▣按钮，选择如图4-79所示的面，按【Delete】键删除。然后激活◑按钮，选择如图4-80所示的曲线，按着【Shift】键，对照参考图多次拉伸并进行调整，效果如图4-81所示。光滑后的效果如图4-82所示。

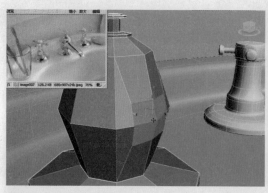
图4-79

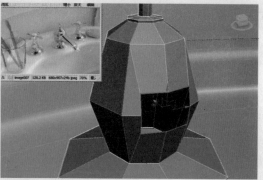
图4-80

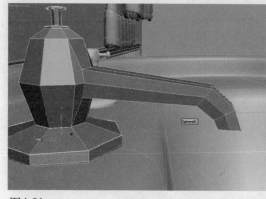
图4-81

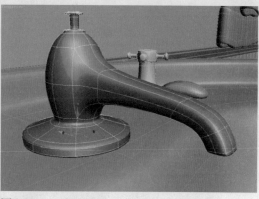
图4-82

以上步骤的操作录像参考本书1号光盘"视频教学\第4章\3.wmv"。

Step 6 最终效果如图4-83所示。

图4-83

模型制作已经完成了。详细的制作过程请看本书配套的视频教程。

4.5 灯光的设置

重点提示：本例通过制作一个洗手间空间场景来体验VRay强大的渲染功能。

首先设置场景中的灯光。

Step 1 打开本书1号配套光盘"视频教学\第4章"目录下的"max完成.max"场景文件，这是本例制作的模型，如图4-84所示。

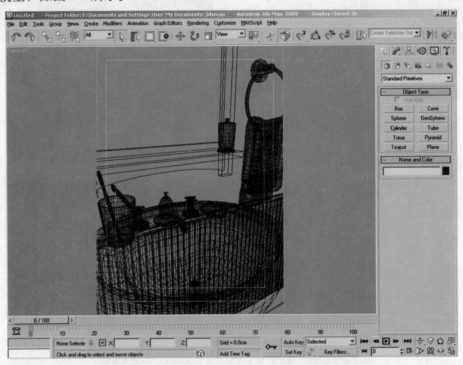

图4-84

Step 2 首先来设置场景光源面光源。在 建立命令面板单击 **VRayLight** 按钮，在窗口建立一盏VRayLight面光源，用来进行窗口的暖色补光，具体位置如图4-85所示。

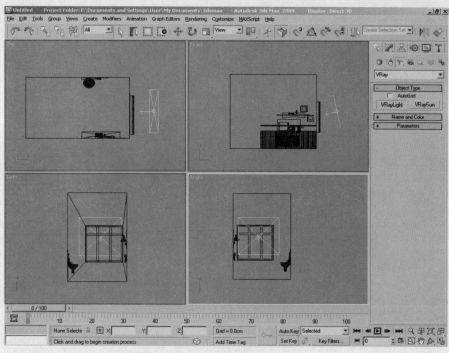

图4-85

Step 3 在修改命令面板中设置面光源参数如图4-86所示。

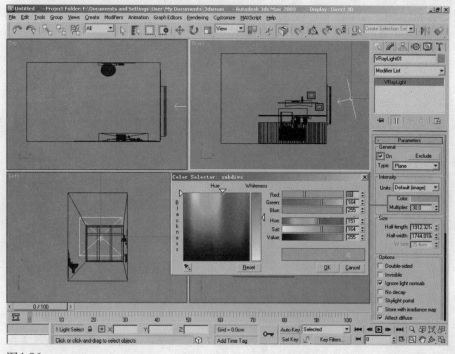

图4-86

Step 4 接下来进行室内补光，在 建立命令面板单击 `VRayLight` 按钮，在室内建立一盏VRayLight 面光源，用来进行室内补光，具体位置如图4-87所示。

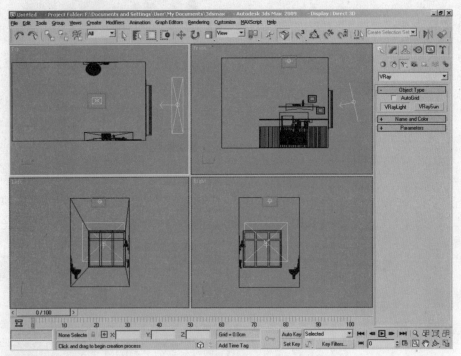

图4-87

Step 5 在修改命令面板中设置面光源参数如图4-88所示。

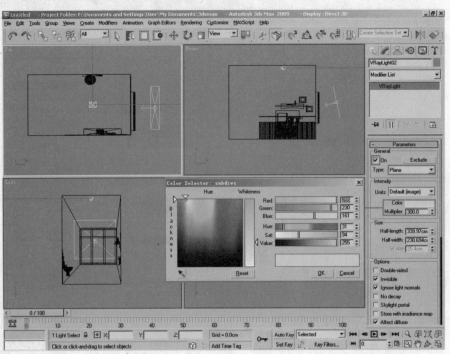

图4-88

Step 6 接下来进行射灯照明。在 建立命令面板单击 Target Point 按钮,在室内建立两盏Target Point 点光源,用来进行射灯照明,具体位置如图4-89所示。

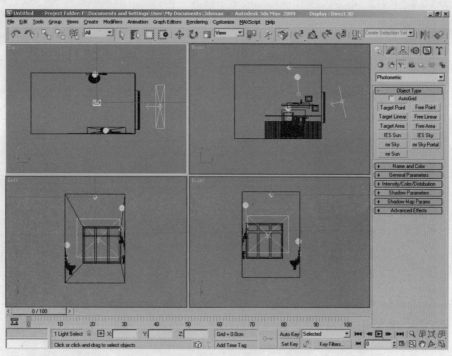

图4-89

Step 7 在修改命令面板中设置面光源参数如图4-90所示（光域网见本书2号配套光盘maps目录下的"1牛眼灯.IES"文件）。

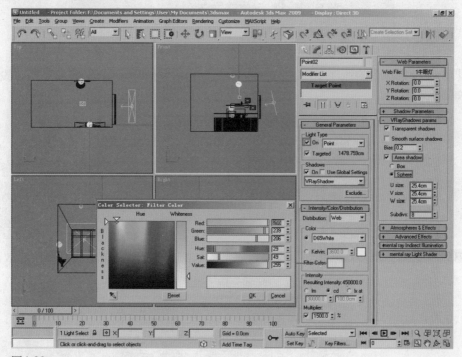

图4-90

4.6 渲染设置

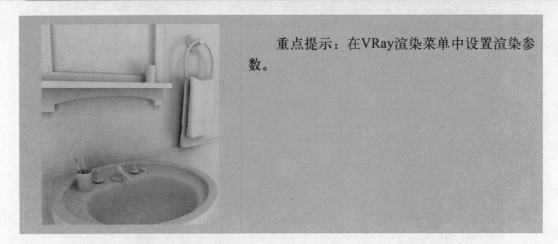

重点提示：在VRay渲染菜单中设置渲染参数。

下面我们来进行渲染设置。

Step 1 按【F10】键打开渲染对话框，设置当前渲染器为VRay，如图4-91所示。

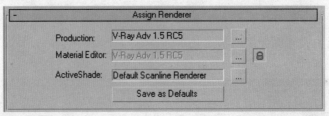

图4-91

Step 2 下面我们来设置场景的照明贴图。打开 V-Ray:: Image sampler (Antialiasing) 卷展栏，设置抗锯齿参数如图4-92所示。

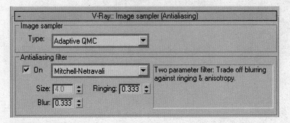

图4-92

Step 3 在 V-Ray:: Indirect illumination (GI) 卷展栏中设置参数如图4-93所示。这是间接照明参数。

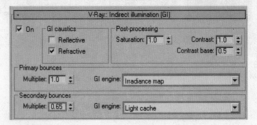

图4-93

Step 4 在 V-Ray:: Irradiance map 卷展栏中设置参数如图4-94所示。

4
Chapter

1
Chapter
(p1~14)

2
Chapter
(p15~52)

3
Chapter
(p53~98)

4
Chapter
(p99~140)

5
Chapter
(p141~178)

6
Chapter
(p179~212)

7
Chapter
(p213~240)

8
Chapter
(p241~272)

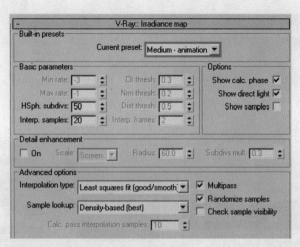

图4-94

Step 5 在 V-Ray:: Light cache 卷展栏中设置参数如图4-95所示。这是灯光贴图设置。

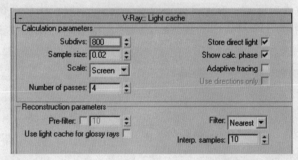

图4-95

Step 6 在 V-Ray:: rQMC Sampler 卷展栏中设置参数如图4-96所示。这是准蒙特卡罗采样设置。

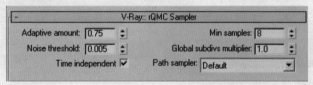

图4-96

Step 7 在 V-Ray:: Environment 卷展栏中激活 GI Environment (skylight) override 区域的 On 复选框,设置天光色为蓝色,具体参数设置如图4-97所示。

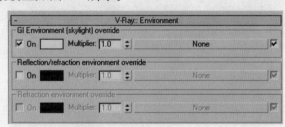

图4-97

下面我们来测试灯光效果。

Step 8 按【M】键打开材质编辑器,选择一个空白样本球,单击 Standard 按钮,在弹出的 Material/Map Browser 对话框中选择 VRayMtl 材质类型。设置Diffuse的颜色为灰色,如图4-98所示。

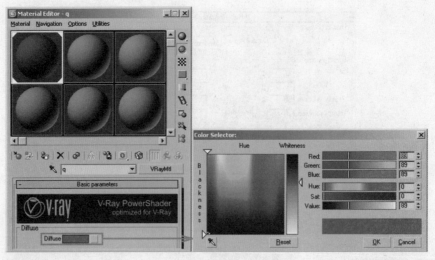

图4-98

Step 9 按【F10】键打开渲染对话框，在 V-Ray:: Global switches 卷展栏中激活 Override mtl 复选框，然后将刚才在材质编辑器中的这个材质拖动到 Override mtl 复选框旁边的贴图按钮上，如图4-99所示。

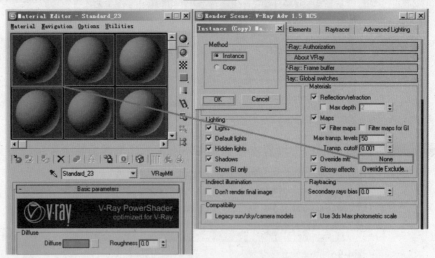

图4-99

此时的渲染效果如图4-100所示。测试完成后将 Override mtl 复选框关闭。

图4-100

4.7 设置墙体材质

重点提示：使用VRayMtl材质样
式来设置墙体的材质。

4 ▸ Chapter

1
Chapter
（p1～14）

2
Chapter
（p15～52）

3
Chapter
（p53～98）

4
Chapter
（p99～140）

5
Chapter
（p141～178）

6
Chapter
（p179～212）

7
Chapter
（p213～240）

8
Chapter
（p241～272）

墙体材质包括白色乳胶漆材质、黄色乳胶漆材质和白色亚光漆材质。

Step 1 首先来设置白色乳胶漆墙体材质。打开材质编辑器，选择一个空白的材质球，设置材质样式
为 ● VRayMtl 专用材质，参数设置如图4-101所示。

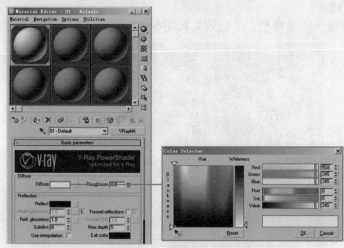

图4-101

Step 2 接下来设置黄色乳胶漆墙体材质。打开材质编辑器，选择一个空白的材质球，设置材质样式
为 ● VRayMtl 专用材质，参数设置如图4-102所示。

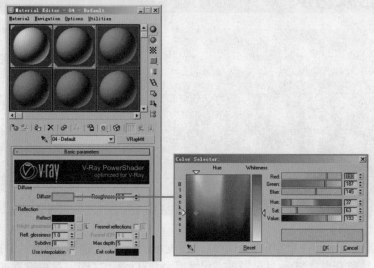

图4-102

Step 3 设置白色亚光漆墙体材质。打开材质编辑器，选择一个空白的材质球，设置材质样式为 ● VRayMtl 专用材质，同时设置反射参数、高光、模糊反射效果和细分值，如图4-103所示。

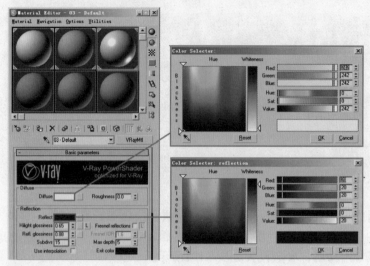

图4-103

Step 4 将所设置的材质赋予墙体模型，渲染效果如图4-104所示。

图4-104

4.8 设置地板材质

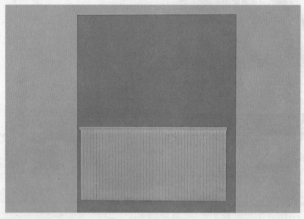

重点提示：使用VRayMtl材质样式来设置地板的材质。

Step 1 打开材质编辑器，选择一个空白的材质球，设置材质样式为 ● VRayMtl 专用材质，设置Diffuse贴图为本书2号配套光盘Maps目录下的"tiles_floor009.jpg"文件，参数设置如图4-105所示。

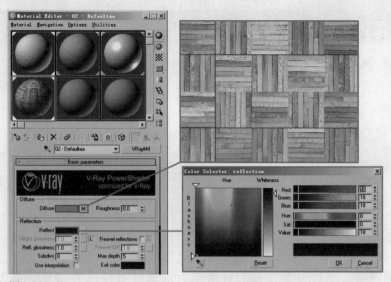

图4-105

Step 2 打开Maps卷展栏，设置Bump贴图为本书2号配套光盘maps目录下的"tiles-floor009.jpg"文件，设置贴图强度为20，具体参数设置如图4-106所示。

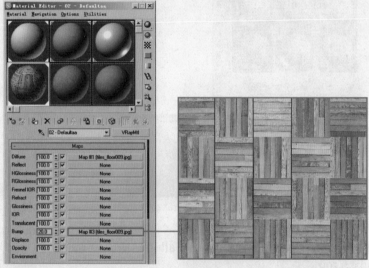

图4-106

Step 3 将所设置的材质赋予地板模型，渲染效果如图4-107所示。

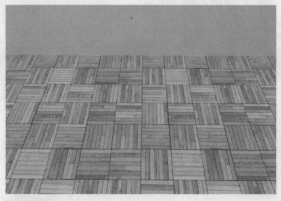

图4-107

4.9 设置白瓷材质

重点提示：使用VRayMtl材质样式来设置白色陶瓷的材质。

Step 1 打开材质编辑器，选择一个空白的材质球，设置材质样式为 VRayMtl 专用材质，设置 Diffuse颜色为白色，参数设置如图4-108所示。

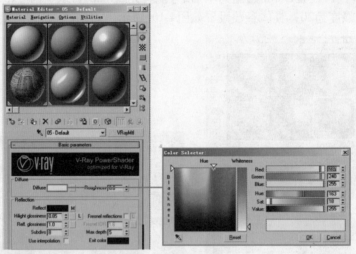

图4-108

Step 2 打开Maps卷展栏，在Reflect通道中添加一个Falloff贴图，设置Falloff Type为Fresnel方式，具体参数设置如图4-109所示。

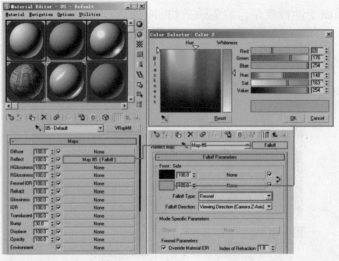

图4-109

Step 3 打开BRDF卷展栏，参数设置如图4-110所示。

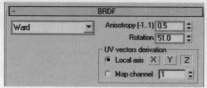

图4-110

Step 4 将所设置的材质赋予对应模型，渲染效果如图4-111所示。

图4-111

4.10 设置不锈钢材质

3ds max VRay

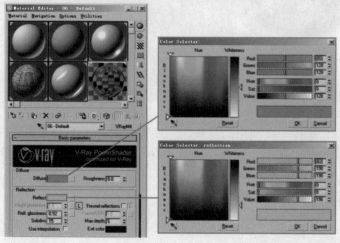

重点提示：使用VRayMtl材质
样式来设置水龙头的不锈钢材质。

Step 1 打开材质编辑器，选择一个空白的材质球，设置材质样式为 ●VRayMtl 专用材质，设置
Diffuse颜色为灰色，参数设置如图4-112所示。

图4-112

4 Chapter

1 Chapter （p1～14）

2 Chapter （p15～52）

3 Chapter （p53～98）

4 Chapter （p99～140）

5 Chapter （p141～178）

6 Chapter （p179～212）

7 Chapter （p213～240）

8 Chapter （p241～272）

Step 2 打开BRDF卷展栏，参数设置如图4-113所示。

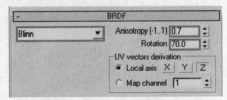

图4-113

Step 3 将所设置的材质赋予不锈钢模型，渲染效果如图4-114所示。

图4-114

4.11 设置香皂材质

重点提示：使用VRayMtl材质样式来设置香皂的材质。

Step 1 打开材质编辑器，选择一个空白的材质球，设置材质样式为 ● VRayMtl 专用材质，在Diffuse通道中添加一个Falloff贴图，设置Falloff Type为Fresnel方式，具体参数设置如图4-115所示。

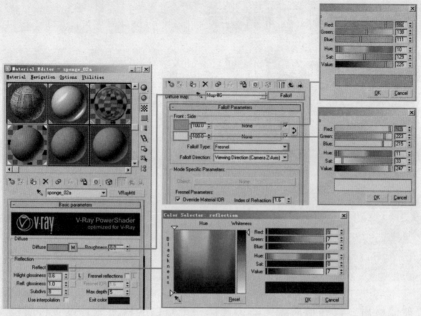

图4-115

Step 2 打开Maps卷展栏，在Bump通道中添加一个Noise贴图，设置贴图强度为30，具体参数设置如图4-116所示。

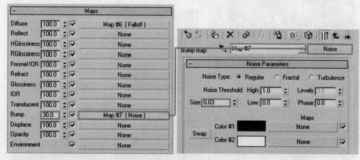

图4-116

Step 3 将所设置的材质赋予香皂模型，渲染效果如图4-117所示。

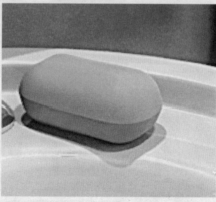

图4-117

4.12 设置玻璃杯和牙刷材质

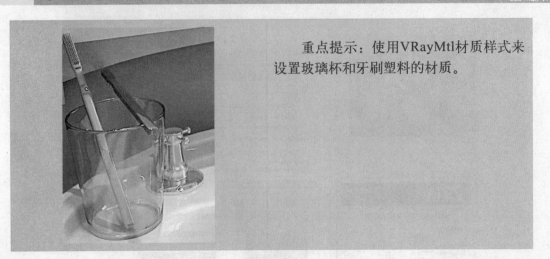

重点提示：使用VRayMtl材质样式来
设置玻璃杯和牙刷塑料的材质。

Step 1 先来设置玻璃材质。打开材质编辑器，选择一个空白的材质球，设置材质样式为 ⬤ VRayMtl
专用材质，设置Diffuse颜色为黑色，参数设置如图4-118所示。

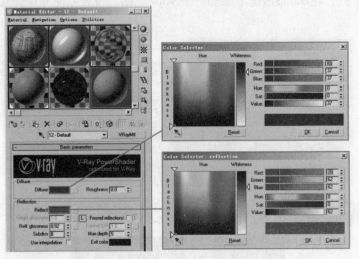

图4-118

Step 2 设置折射效果和雾色效果如图4-119所示。

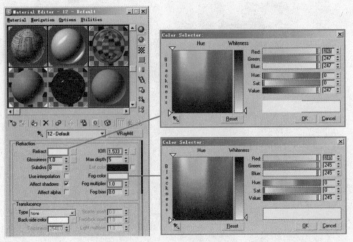

图4-119

Step 3 打开BRDF卷展栏，参数设置如图4-120所示。

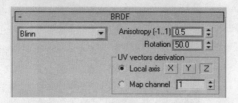

图4-120

Step 4 设置牙刷的塑料材质。打开材质编辑器，选择一个空白的材质球，设置材质样式为 ⬤ VRayMtl 专用材质，设置Diffuse颜色为蓝色，参数设置如图4-121所示。

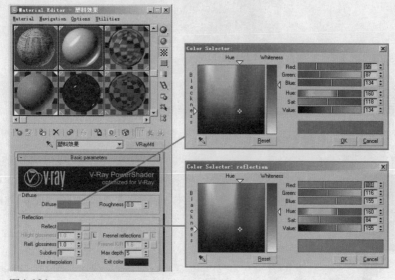

图4-121

Step 5 设置塑料的折射参数和雾色效果如图4-122所示。

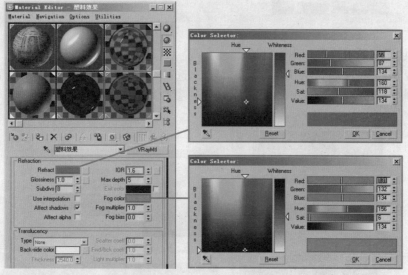

图4-122

Step 6 将所设置的材质赋予杯子和牙刷模型，渲染效果如图4-123所示。

图4-123

4.13 设置水杯材质

3ds max VRay

重点提示：水杯的材质包括不锈钢材
质和陶瓷材质两种。我们使用VRayMtl材
质样式来设置不锈钢和陶瓷的材质。

水杯材质包括不锈钢材质和陶瓷材质。

Step 1　先来设置不锈钢材质。打开材质编辑器，选择一个空白的材质球，设置材质样式为
VRayMtl专用材质，设置Diffuse颜色为灰色，参数设置如图4-124所示。

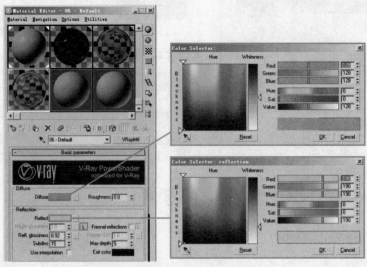

图4-124

设置陶瓷材质。打开材质编辑器，选择一个空白的材质球，设置材质样式为 ◉VRayMtl 专用
材质，设置Diffuse颜色为白色，参数设置如图4-125所示。

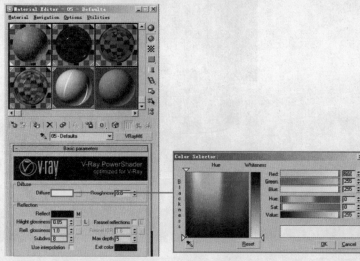

图4-125

打开Maps卷展栏，在Reflect通道中添加一个Falloff贴图，设置Falloff Type为Fresnel方式，具
体参数设置如图4-126所示。

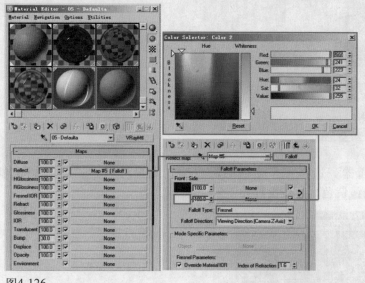

图4-126

打开BRDF卷展栏，参数设置如图4-127所示。

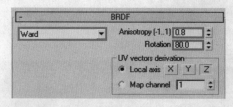

图4-127

将所设置的材质赋予水杯模型，渲染效果如图4-128所示。

图4-128

4.14 设置毛巾材质

　　重点提示：我们使用VRayMtl材质样式来设置毛巾的材质。

Step 1　打开材质编辑器，选择一个空白的材质球，设置材质样式为 VRayMtl专用材质，设置Diffuse颜色为浅黄色，参数设置如图4-129所示。

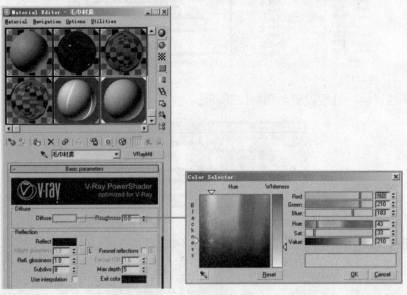

图4-129

Step 2 打开Maps卷展栏，设置Displace贴图为本书2号配套光盘maps目录下的"Arch30-033-bumpdisp.jpg"文件，设置贴图强度为5.0，具体参数设置如图4-130所示。

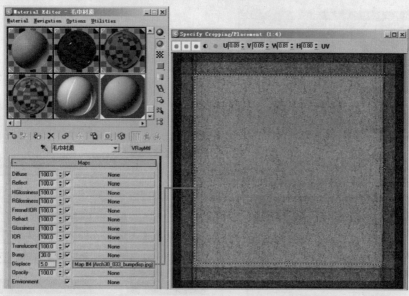

图4-130

Step 3 将所设置的材质赋予毛巾模型，渲染效果如图4-131所示。

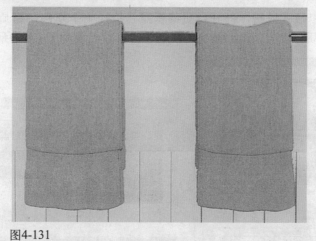

图4-131

4.15 设置壁画材质

重点提示：我们使用VRayMtl材质样式来设置壁画的材质。

Step 1 先来设置白色亚光漆画框材质。打开材质编辑器，选择一个空白的材质球，设置材质样式为 ⬤VRayMtl 专用材质，设置Diffuse颜色为白色，参数设置如图4-132所示。

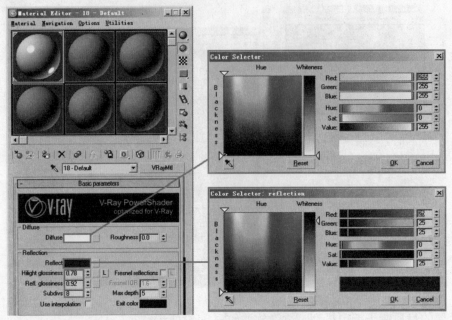

图4-132

Step 2 设置浅蓝色亚光漆画板材质。打开材质编辑器，选择一个空白的材质球，设置材质样式为 ⬤VRayMtl 专用材质，设置Diffuse颜色为浅蓝色，参数设置如图4-133所示。

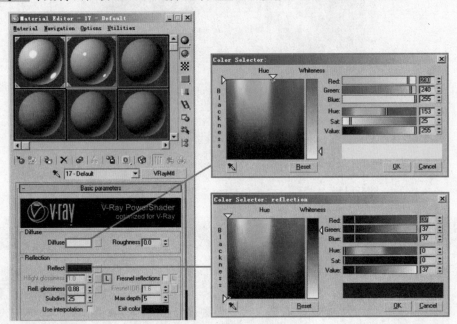

图4-133

Step 3 设置画布材质。打开材质编辑器，选择一个空白的材质球，设置材质样式为 ⬤VRayMtl 专用材质，设置Diffuse贴图为本书2号配套光盘maps目录下的"%e6%b2%b9%e7%94%bb.jpg"文件，参数设置如图4-134所示。

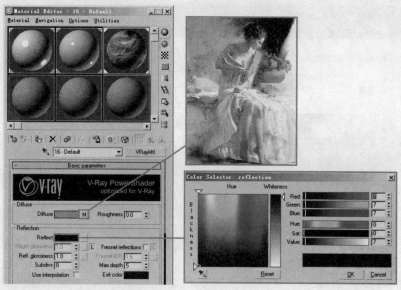

图4-134

Step 4 打开Maps卷展栏，设置Bump贴图为本书2号配套光盘maps目录下的"%e6%b2%b9%e7%94%bb.jpg"文件，设置贴图强度为30，参数设置如图4-135所示。

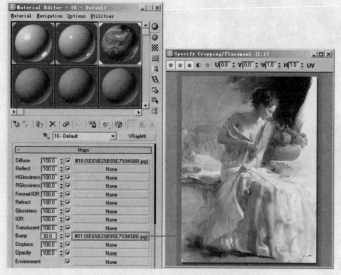

图4-135

Step 5 将所设置的材质赋予壁画模型，渲染效果如图4-136所示。

图4-136

4.16 设置镜子材质

重点提示：我们使用VRayMtl材质样
式来设置镜子的材质。在这里镜子的反射
强度需要设置到最大。

打开材质编辑器，选择一个空白的材质球，设置材质样式为 VRayMtl专用材质，设置
Diffuse颜色为灰色，具体参数设置如图4-137所示。

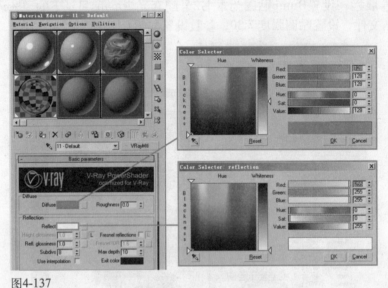

图4-137

到此，场景材质设置完成，最终渲染效果如图4-138所示。

图4-138

第5章 老船长的桌面

本章的案例建模特点是：学习使用几何物体建模；在边及边框级别下使用拉伸、复制对模型进行塑造；使用"Target Weld（目标焊接）"、"Cut（分割）"和"Connect（连接）"等命令对布线进行调整；使用"Symmetry（镜像）"修改器来简化模型的制作过程；

本章的案例结构特点是：本例我们来制作一幅桌面场景，在桌面上，凌乱地摆放着各种物品，包括蜡烛、枪支、罗盘和纸画等。

本章的案例材质特点是：材质包括生锈金属材质、纸张材质、布质材质、蜡质材质和火焰材质等。重点设置的材质为蜡质材质和火焰材质。

本章的案例灯光特点是：以VRayLight面光源为场景主光源，用来模拟天光；使用泛光灯模拟烛光照明。

在本例中，我们来制作一幅凌乱的桌面场景。能清楚地看到，这幅场景跟航海有着密切的关系，航海图、罗盘能清楚地反映出这幅图的主人是一位航海人员，在孤独的夜晚，只有冷冷的烛光陪伴着，既凄凉却又满怀信心。

效果图和线框图如图5-1所示。

图5-1

5.1 桌面的制作

重点提示：创建面片来制作桌面和地图，创建圆柱体结合poly来制作卷着的地图。

该例子中小的模型比较多，但是都是基于基本几何物体来制作的，我们要学会使用poly工具来对模型进行细节塑造。首先，我们来制作桌面和桌面上的地图。

Step 1 打开3ds max，选择一个我们所需要的视图，然后按【Alt+B】组合键，调出背景设置面板。单击Background Source对话框中的【Files】按钮，找到与视图相对应的素材图片，参数设置如图5-2所示。我们分别在前视图（Front）中导入参考图片，作为参考。

图5-2

Step 2 在命令面板中单击按钮进入创建命令面板，在创建命令面板中单击按钮进入几何体面板，选择Standard Primitives类型，单击 Plane 按钮，创建两个面片作为桌面和地图，如图5-3所示。然后在透视图中调整好位置，按快捷键【Ctrl+C】创建一个摄像机。摄像机视图效果如图5-4所示。

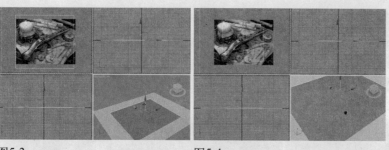

图5-3　　　　　　　　　　　　　图5-4

Step 3 在命令面板中单击 按钮进入创建命令面板，在创建命令面板中单击 按钮进入几何体面板，选择 Standard Primitives 类型，单击 Cylinder 按钮，创建一个如图5-5所示的圆柱体作为卷着的地图。选择圆柱体，单击鼠标右键，在弹出的快捷菜单中选择 Convert to Editable Poly 命令，将模型塌陷成为可编辑的多边形。然后激活 按钮，选择如图5-6所示的圆柱体的两个顶面，按【Delete】键删除，效果如图5-7所示。最后激活 按钮，选择圆柱体的点进行调整。对照参考图将圆柱体进行复制并摆放到合适的位置，效果如图5-8所示。

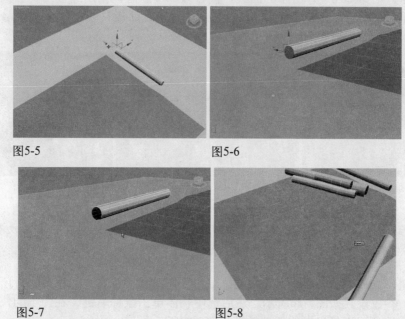

图5-5　　　　　　　　　　　　　图5-6

图5-7　　　　　　　　　　　　　图5-8

以上步骤的操作录像参考本书1号光盘"视频教学\第5章\1.avi"文件。

5.2　烛台和蜡烛的制作

3ds max VRay

　　　　　　　　　　　　重点提示：使用基本几何物体创建模型，使用Poly工具对模型进行细节的塑造。在制作过程中要学会使用poly工具。

下面我们来制作烛台和蜡烛。

1
Chapter
(p1～14)

2
Chapter
(p15～52)

3
Chapter
(p53～98)

4
Chapter
(p99～140)

5
Chapter
(p141～178)

6
Chapter
(p179～212)

7
Chapter
(p213～240)

8
Chapter
(p241～272)

5.2.1 烛台的制作

Step 1 在命令面板中单击 按钮进入创建命令面板，在创建命令面板中单击 按钮进入几何体面板，选择 Standard Primitives 类型，单击 Sphere 按钮，创建一个如图5-9所示的球体，并将球体转变成可编辑多边形。然后激活 按钮，选择如图5-10所示的点，按【Delete】键删除，效果如图5-11所示。

  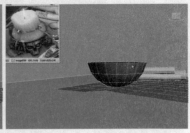

图5-9 图5-10 图5-11

Step 2 激活 按钮，选择如图5-12所示的曲线，按着【Shift】键，使用缩放工具 向外扩大，制作出沿，效果如图5-13所示。然后单击 按钮进入修改面板，给物体添加 Shell 修改命令，使物体变成双面的，效果如图5-14所示。

图5-12 图5-13 图5-14

提 示　　　Shell（双面）：添加 Shell 修改命令可以使单面的物体变成双面，使模型更真实。

Step 3 激活 按钮，选择如图5-15所示的曲线，单击 Chamfer 按钮右边的小方框对所选的曲线进行倒角处理。参数设置如图5-16所示。然后选中物体单击鼠标右键，在弹出的快捷菜单中选择 NURMS Toggle 选项，进行光滑处理，效果如图5-17所示。

 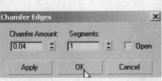 

图5-15 图5-16 图5-17

提 示　　　Chamfer 命令是切角的意思，相当于挤压时只左右鼠标将点分解的效果，使用方法和Extrude类似。NURMS Toggle 是对物体进行光滑处理的命令，使用此命令可以使物体变得光滑。

Step 4 激活 按钮，选择如图5-18所示的一圈曲线，单击 Connect 按钮右边的小方框，给物体添加新的曲线。参数设置如图5-19所示，效果如图5-20所示。

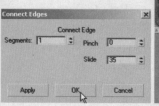

图5-18   图5-19   图5-20

提 示

　　　Connect □命令是连接的意思。此命令可以随时给物体添加曲线，并进行
调整，对塑造物体很有帮助。

Step 5　激活 □ 按钮，选择如图5-21所示的面，单击 Extrude □ 按钮右边的小方框，在弹出的对话框
中设置参数，对所选面进行挤压，效果如图5-22所示。然后激活 □ 按钮，选择如图5-23所示
的物体。单击 Detach 按钮，将其分离出来，效果如图5-24所示。

图5-21   图5-22

图5-23   图5-24

提 示

　　　Extrude □是挤压的意思，有两种操作方式，一种是选择好要挤压
（Extrude）的顶点，然后单击 Extrude 按钮，再在视图上单击顶点并拖动鼠标，
左右拖动可以控制挤压根部的范围，上下拖动可以控制顶点被挤压后的高度。

Step 6　选中被分离出来的物体。激活 □ 按钮，选择如图5-25所示的点，按【Delete】键删除，效果
如图5-26所示。然后单击 □ 按钮进入修改面板，给物体添加 Symmetry 修改命令，对其进行镜
像复制处理，效果如图5-27所示。

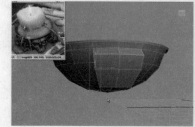

图5-25   图5-26   图5-27

提 示

Symmetry 是镜像复制修改命令，在制作对称物体的时候常常用到，这样在制作的过程中可以更加精确。

以上步骤的操作录像参考本书1号光盘"视频教学\第5章\2.avi"文件第01秒到5分39秒处。

Step 7　接下来 单击鼠标右键，在弹出的快捷菜单中选择 Cut 命令，给物体添加新的曲线，效果如图5-28所示。然后激活 ▢ 按钮，选择如图5-29所示的面。单击 Extrude ▢ 按钮右边的小方框，在弹出的对话框中设置参数，对所选面进行挤压处理，效果如图5-30所示。调整后的效果如图5-31所示。

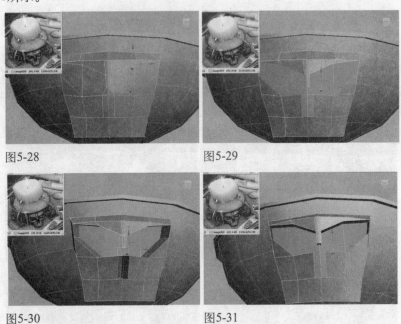

图5-28　　　　　　　　　　　　　　　　　图5-29

图5-30　　　　　　　　　　　　　　　　　图5-31

提 示

Cut 是切割的意思。它是一个可以在物体上任意切割的工具，虽然不太好控制，但也是一个非常有用的工具。

Step 8　激活 ▢ 按钮，选择如图5-32所示的面，按【Delete】键删除，最终效果如图5-33所示。

图5-32　　　　　　　　　　　　　　　　　图5-33

Step 9　激活 ▢ 按钮，选择如图5-34所示的面，单击 Extrude ▢ 按钮右边的小方框，在弹出的对话框中设置参数，对所选面进行挤压处理，效果如图5-35所示。然后激活 ▢ 按钮，选择点，对照参考图进行调整，效果如图5-36所示。

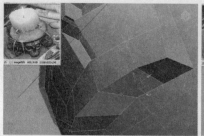
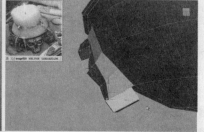

图5-34 　　　　　　　　　　　　　图5-35

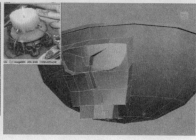

图5-36

Step 10 继续选择如图5-37所示的点，对照参考图进行调整。效果如图5-38所示。

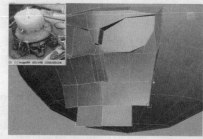

图5-37 　　　　　　　　　　　　　图5-38

Step 11 激活 ✓ 按钮，选择如图5-39所示的曲线，按着【Shift】键沿Z轴向上拉伸生成新的面，效果如图5-40所示。然后激活 ┆ 按钮，单击 Target Weld 按钮，分别依次拾取如图5-41所示的两个点，进行焊接，效果如图5-42所示。

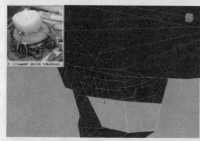
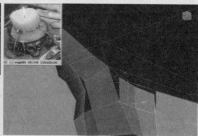

图5-39 　　　　　　　　　　　　　图5-40

图5-41 　　　　　　　　　　　　　图5-42

Target Weld 是目标焊接的意思。单击 Target Weld 按钮，然后在视图上把一个顶点拖动到另一个顶点上就可以把两个顶点合并。

Step 12 将制作好的骷髅头进行复制并摆放到合适的位置，然后使用 Target Weld 工具命令焊接相应的点，效果如图5-43所示。然后再制作出骷髅的牙齿，效果如图5-44所示。烛台的最终效果如图5-45所示。

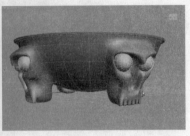

图5-43　　　　　　　　　图5-44　　　　　　　　　图5-45

以上步骤的操作录像参考本书1号光盘"视频教学\第5章\2.avi"文件第5分39秒到视频结束处。

5.2.2　蜡烛的制作

Step 1 在命令面板中单击 按钮进入创建命令面板，在创建命令面板中单击 按钮进入几何体面板，选择 Standard Primitives ▼类型，单击 Cylinder 按钮，创建一个如图5-46所示的圆柱体，并将其转变成可编辑多边形。激活 按钮，选择如图5-47所示的面，使用缩放工具向里收缩，效果如图5-48所示。

图5-46　　　　　　　　　图5-47　　　　　　　　　图5-48

Step 2 接下来我们单击 Bevel 按钮，在弹出的对话框中设置参数，对物体进行斜角挤压处理，效果如图5-49所示。然后激活 按钮，单击鼠标右键，在弹出的快捷菜单中选择 Cut 选项，给物体添加新的曲线，如图5-50所示。选择点调整后的效果如图5-51所示。

图5-49　　　　　　　　　图5-50　　　　　　　　　图5-51

Bevel 是斜角挤压的意思，是Extrude工具和Outline工具的结合。Bevel工具对多边形面挤压以后还可以让面沿着自身的平面坐标进行放大和缩小。

以上步骤的操作录像参考本书1号光盘"视频教学\第5章\3.avi"文件开始到3分钟25秒处。

使用 Connect □ 工具命令给物体添加新的曲线，效果如图5-52所示。然后选中新添加的曲线。单击 Extrude □ 按钮右边的小方框，对所选曲线进行挤压处理，参数设置如图5-53所示，效果如图5-54所示。

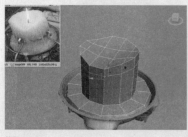
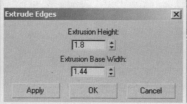

图5-52　　　　　　　　　图5-53　　　　　　　　　图5-54

给蜡烛物体继续添加曲线，效果如图5-55所示。然后选中蜡烛物体，单击 按钮进入修改面板，给物体添加 Noise 选项，在 Parameters 卷展栏下设置参数。效果如图5-56所示。光滑处理后的效果如图5-57所示。

图5-55　　　　　　　　　图5-56　　　　　　　　　图5-57

提　示

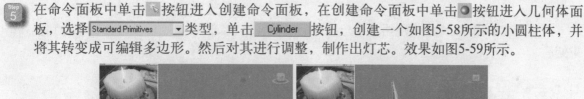

　　　Noise （噪波）：给物体添加 Noise 修改命令，然后调整参数，就可以使物体产生凹凸感。

以上步骤的操作录像参考本书1号光盘"视频教学\第5章\3.avi"文件第3分钟25秒到10分钟18秒处。

在命令面板中单击 按钮进入创建命令面板，在创建命令面板中单击 按钮进入几何体面板，选择 Standard Primitives ▼ 类型，单击 Cylinder 按钮，创建一个如图5-58所示的小圆柱体，并将其转变成可编辑多边形。然后对其进行调整，制作出灯芯。效果如图5-59所示。

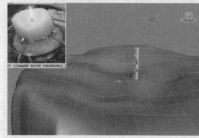
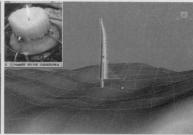

图5-58　　　　　　　　　图5-59

5.2.3 支架的制作

在命令面板中单击 按钮进入创建命令面板，在创建命令面板中单击 按钮进入几何体面板，选择 Standard Primitives ▼ 类型，单击 Tube 按钮，创建一个如图5-60所示的圆环物体，并将其转变成可编辑多边形，进行调整作为固定蜡烛的支架。然后在命令面板中单击 按钮进入创建命令面板，在创建命令面板中单击 按钮进入二维命令面板，选择

Splines ▼类型，单击 Line 按钮，绘制一条如图5-61所示的线条。然后单击 ✎ 按钮进入修改面板，在 Rendering 卷展栏中勾选如图5-62所示的两个选项的复选框，将线条显示出来。效果如图5-63所示。

图5-60 图5-61

 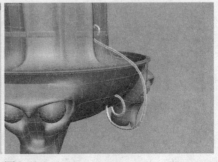

图5-62 图5-63

Step 2 将支架复制并移动到合适的位置，烛台的最终效果如图5-64所示。

图5-64

以上步骤的操作录像参考本书1号光盘"视频教学\第5章\3.avi"文件第10分钟18秒到视频结束处。

5.3 枪的制作

重点提示：主要使用Bevel（斜角挤压）工具命令来对物体进行多次挤压制作。

下面我们来制作枪。

 在命令面板中单击 ↘ 按钮进入创建命令面板，在创建命令面板中单击 ◉ 按钮进入几何体面板，选择 Standard Primitives 类型，单击 Box 按钮，创建一个如图5-65所示的box盒子，并将其转变成可编辑多边形。然后进行调整，效果如图5-66所示。

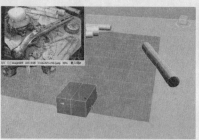

图5-65　　　　　　　　　　　　　　　　图5-66

Step 2 激活 按钮，选择如图5-67所示的面，按【Delete】键删除。然后激活 按钮，选择如图5-68所示的曲线，对照参考图进行多次拉伸，制作出枪的大体形状。效果如图5-69所示。

图5-67　　　　　　图5-68　　　　　　　　图5-69

Step 3 选择如图5-70所示的曲线，单击 Cap 按钮，进行封口处理。然后单击鼠标右键，在弹出的快捷菜单中选择 Cut 命令，给物体添加曲线，效果如图5-71所示。

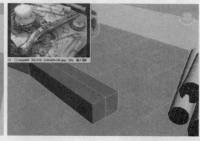

图5-70　　　　　　　　　　　　　　　　图5-71

Step 4 激活 按钮，选择如图5-72所示的面，单击 Bevel 按钮右边的小方框，在弹出的对话框中选择 By Polygor 挤压类型，并设置挤压参数，对所选面进行斜角挤压，效果如图5-73所示。光滑后效果如图5-74所示。

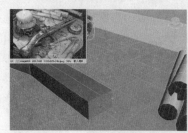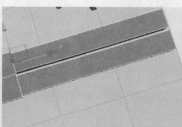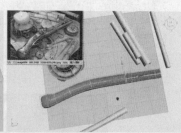

图5-72　　　　　　图5-73　　　　　　　　图5-74

Step 5 激活 按钮，选择如图5-75所示的面，单击 Bevel 按钮右边的小方框，在弹出的对话框中设置参数，对所选面进行多次斜角挤压，效果如图5-76所示。光滑后的效果如图5-77所示。

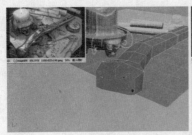 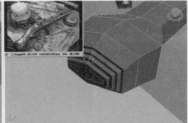 

图5-75　　　　　　　　　　图5-76　　　　　　　　　　图5-77

 接下来，对照参考图制作出其他的小部件。最终效果如图5-78所示。

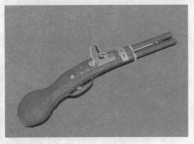

图5-78

以上步骤的操作录像参考本书1号光盘"视频教学\第5章\4.wmv"文件。

5.4　小物件的制作

　　　　　重点提示：使用样条曲线和基本几何
物体来制作。

5.4.1　勋章的制作

 在命令面板中单击 按钮进入创建命令面板，在创建命令面板中单击 按钮进入二维命令面板，
选择 Splines 类型中，单击 Line 按钮，对照参考图勾勒出如图5-79所示物体的
线框。选中线框，沿Z轴向上复制出一个，如图5-80所示。然后将下面的线框转变成可编辑多边
形，效果如图5-81所示。将上面的线框显示出来，然后移动到合适的位置，效果如图5-82所示。

图5-79　　　　　　　　　　　　　　图5-80

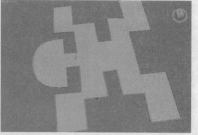

图5-81　　　　　　　　　　　图5-82

Step 2 用同样的方法制作出另一部分的模型，效果如图5-83所示。

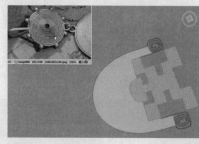

图5-83

Step 3 在命令面板中单击 按钮进入创建命令面板，在创建命令面板中单击 按钮进入几何体面板，选择 Standard Primitives 类型，单击 Torus 按钮，创建一个如图5-84所示的圆环。然后按着【Shift】键，使用缩放工具进行缩放复制，效果如图5-85所示。

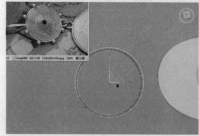

图5-84　　　　　　　　　　　图5-85

Step 4 接下来制作出其他的小物体，然后调整整个物体的大小并摆放到合适的位置，效果如图5-86所示。

图5-86

以上步骤的操作录像参考本书1号光盘"视频教学\第5章\5.wmv"文件。

5.4.2 指南针的制作

Step 1 在命令面板中单击 按钮进入创建命令面板，在创建命令面板中单击 按钮进入几何体面板，选择 Standard Primitives 类型，单击 Cylinder 按钮，创建一个圆柱体，在 Parameters 卷展栏下改变它的分段数，如图5-87所示。将圆柱体转变成可编辑多边形。激活 按钮，选择如图5-88所示的面，单击 Bevel 按钮右边的小方框，在弹出的对话框中设置参数，对所选的面进行多次斜角挤压。效果如图5-89所示。

图5-87 　　　　　　　　　　图5-88 　　　　　　　　　　图5-89

Step 2 按着【Shift】键，将所选的面向上复制出一个，如图5-90所示。激活 ⬜ 按钮，选择被复制出来的面。然后单击 Bevel ⬜ 按钮右边的小方框，在弹出的对话框中设置参数，对所选的面进行多次斜角挤压，制作出指南针的盖子。效果如图5-91所示。然后按【M】键打开材质编辑器，选择一个空白材质球，赋予盖子，将材质球的透明度调整设置高一些，效果如图5-92所示。最后我们制作出指针。最终效果如图5-93所示。

图5-90 　　　　　　　　　　　　　　图5-91

图5-92 　　　　　　　　　　　　　　图5-93

以上步骤的操作录像参考本书1号光盘"视频教学\第5章\6.wmv"文件开始到10分钟处。

5.4.3 圆规的制作

Step 1 在命令面板中单击 ↖ 按钮进入创建命令面板，在创建命令面板中单击 ◐ 按钮进入几何体面板，选择 Standard Primitives ▾ 类型，单击 Cylinder 按钮，创建一个如图5-94所示的圆柱体，并将其转变成可编辑多边形。激活 ⁝ 按钮，选择如图5-95所示的点，单击 Collapse 按钮，将所选点进行顶点塌陷处理，效果如图5-96所示。

图5-94 　　　　　　　　　　图5-95 　　　　　　　　　　图5-96

提 示　　　Collapse（塌陷）：将多个顶点、边线和多边形面合并成一个，塌陷的位置是被选子物体的中心。

激活 □ 按钮，选择如图5-97所示的面，按【Delete】键删除。激活 ◯ 按钮，选择如图5-98所示的曲线，按着【Shift】键，沿*X*轴进行多次拉伸并调整，效果如图5-99所示。

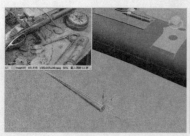
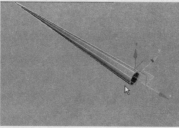

图5-97　　　　　　　　　　图5-98　　　　　　　　　　图5-99

在命令面板中单击 ◣ 按钮进入创建命令面板，在创建命令面板中单击 ◉ 按钮进入几何体面板，选择 Standard Primitives 类型，单击 Tube 按钮，创建一个如图5-100所示的空心圆柱，并将其转变成可编辑多边形。激活 ⠿ 按钮，选择如图5-101所示的点，按【Delete】键删除，效果如图5-102所示。

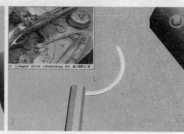

图5-100　　　　　　　　　图5-101　　　　　　　　　图5-102

选中已经制作好的圆规部分，然后单击工具栏上的 ⋈ 按钮，进行镜像复制，效果如图5-103所示。最后我们制作出其他的小螺丝部分，最终效果如图5-104所示。

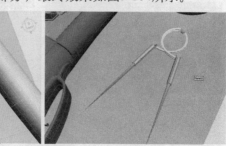

图5-103　　　　　　　　　图5-104

以上步骤的操作录像参考本书1号光盘"视频教学\第5章\6.wmv"文件第09分钟09秒到视频结束处。

最后我们使用 Line 工具制作出绳子。最终的效果如图5-105所示。

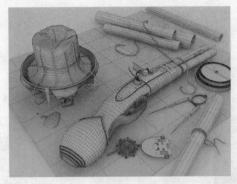

图5-105

以上步骤的操作录像参考本书1号光盘"视频教学\第5章\7.wmv"文件。

好了，模型到这里我们就制作完成了。具体的操作请参考配套的视频教学光盘。

5.5 灯光的设置

3ds max VRay

重点提示：本例通过制作一个凌乱的桌面场景来体验VRay强大的渲染功能。

首先设置场景中的灯光。

Step 1 打开本书1号配套光盘"视频教学\第5章"目录下的"max完成.max"场景文件，这是本例制作的模型，如图5-106所示。

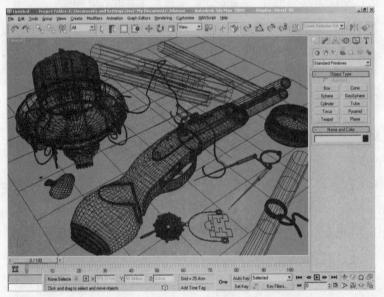

图5-106

Step 2 首先来设置主光源面光源。在 建立命令面板中单击 **VRayLight** 按钮，在场景中建立两盏面光源，具体位置如图5-107所示。

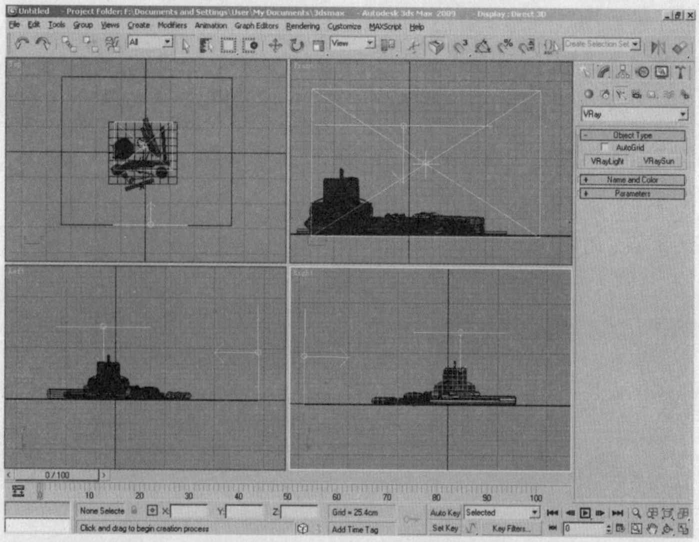

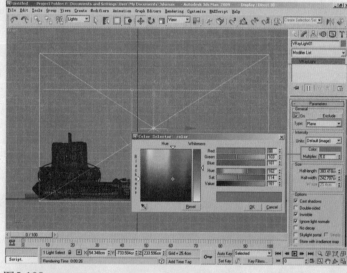

图5-107

Step 3 在修改命令面板中设置面光源参数如图5-108和5-109所示。

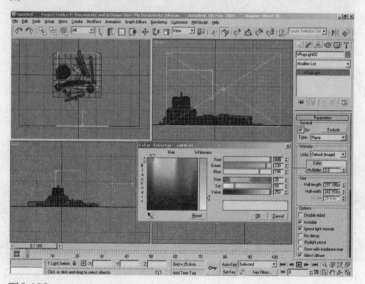

图5-108

图5-109

Step 4 接下来设置烛光。在 建立命令面板中单击 Omni 按钮，在场景中建立一盏泛光灯，用来模拟烛光照明，具体位置如图5-110所示。

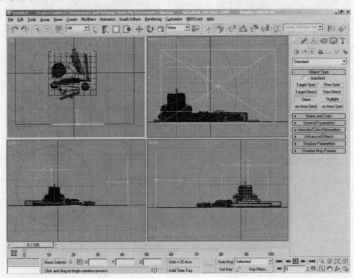

图5-110

Step 5 在修改命令面板中设置泛光灯参数如图5-111所示。

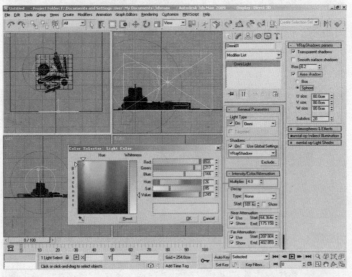

图5-111

5.6 渲染设置

重点提示：在VRay渲染菜单中设置渲染参数。

下面我们来进行渲染设置。

Step 1 按【F10】键打开渲染对话框，设置当前渲染器为VRay，如图5-112所示。

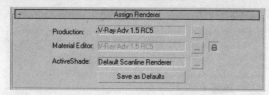

图5-112

Step 2 下面我们来设置场景的照明贴图。打开 V-Ray:: Image sampler (Antialiasing) 卷展栏，设置抗锯齿参数如图5-113所示。

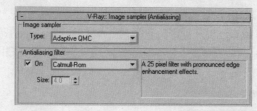

图5-113

Step 3 在 V-Ray:: Indirect illumination (GI) 卷展栏中，设置参数如图5-114所示。这是间接照明参数。

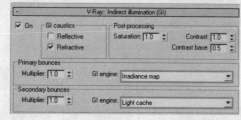

图5-114

Step 4 在 V-Ray:: Irradiance map 卷展栏中设置参数如图5-115所示。

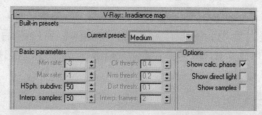

图5-115

Step 5 在 V-Ray:: Light cache 卷展栏设置参数如图5-116所示。这是灯光贴图设置。

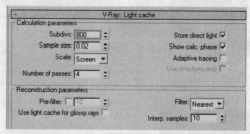

图5-116

Step 6 在 V-Ray:: rQMC Sampler 卷展栏设置参数如图5-117所示。这是准蒙特卡罗采样设置。

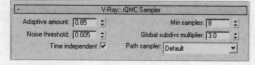

图5-117

Step 7 在 V-Ray:: Environment 卷展栏中激活 GI Environment (skylight) override 区域的 On 复选框，设置天光色为蓝色，具体参数设置如图5-118所示。

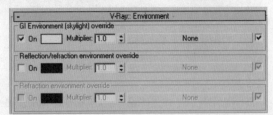

图5-118

下面我们来测试灯光效果。

Step 8 按【M】键打开材质编辑器，选择一个空白样本球，单击 Standard 按钮，在弹出的 Material/Map Browser 对话框中选择 ◉ VRayMtl 材质类型。设置Diffuse的颜色为灰色，如图5-119所示。

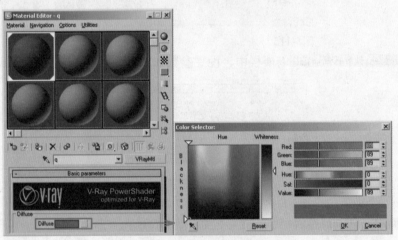

图5-119

Step 9 按【F10】键打开渲染对话框，在 V-Ray:: Global switches 卷展栏激活 Override mtl: 复选框，然后将刚才在材质编辑器中的这个材质拖动到 Override mtl: 复选框旁边的贴图按钮上，如图5-120所示。

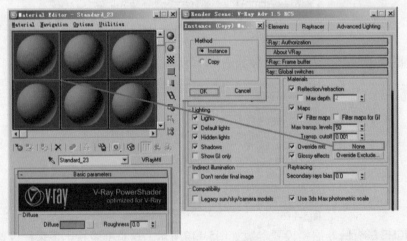

图5-120

此时的渲染效果如图5-121所示。测试完成后将 Override mtl: 复选框关闭。

图5-121

5.7 设置桌面材质

3ds max VRay

重点提示：使用VRayMtl材质样
式来设置桌面的材质。

桌面材质包括桌布材质和航海图材质。

Step 1 先来设置桌布材质。打开材质编辑器，设置材质样式为 ⚫ **VRayMtl** 专用材质，设置Diffuse贴
图为本书2号配套光盘maps目录下的"countrypatterns.jpg"文件，具体参数设置如图5-122所
示。

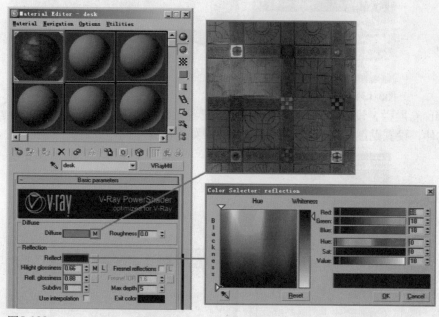

图5-122

Step 2 打开Maps卷展栏，设置HGlossiness和Bump贴图为本书2号配套光盘maps目录下的"countrypatterns.
jpg"文件，设置HGlossiness贴图强度为70，设置Bump贴图强度为40，具体参数设置如图
5-123所示。

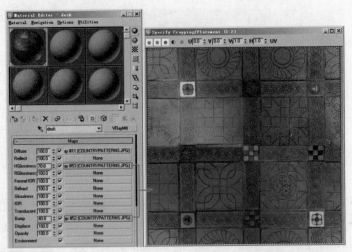

图5-123

Step 3 接下来设置航海图材质。打开材质编辑器，设置材质样式为 ⚪ VRayMtl 专用材质，设置Diffuse
贴图为本书2号配套光盘maps目录下的"dingyroughedgedmap.jpg"文件，具体参数设置如图
5-124所示。

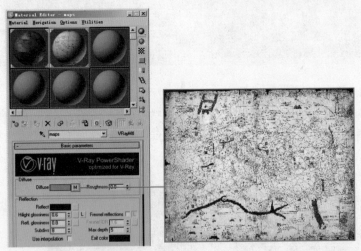

图5-124

Step 4 打开Maps卷展栏，设置Bump贴图为本书2号配套光盘maps目录下的"dingyroughedgedmap.
jpg"文件，设置贴图强度为7.0，具体参数设置如图5-125所示。

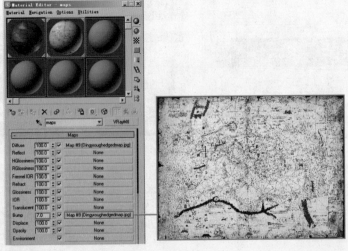

图5-125

Step 5 将所设置的材质赋予桌布和航海图模型，渲染效果如图5-126所示。

图5-126

5.8 设置烛台和蜡烛材质

重点提示：使用Blend混合材质类型和VRayMtl材质类型来设置金属烛台的材质，使用VRayMtl材质类型设置蜡烛的材质。

Step 1 先来设置金属烛台材质。打开材质编辑器，设置材质样式为 ◉Blend材质，由三部分组成，分别为Material1、Material2和Mask，如图5-127所示。

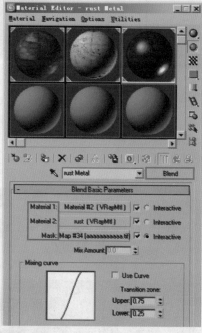

图5-127

Step 2 设置Material1部分材质。设置材质样式为 ◉VRayMtl 专用材质，设置Diffuse贴图为本书2号配套光盘maps目录下的"pewter2.jpg"文件，具体参数设置如图5-128所示。

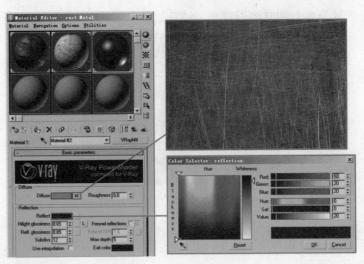

图5-128

Step 3 打开Maps卷展栏，设置Bump贴图为本书2号配套光盘maps目录下的"pewter2.jpg"文件，设置贴图强度为8.0，具体参数设置如图5-129所示。

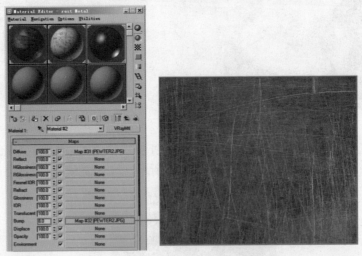

图5-129

Step 4 设置Material2部分材质。设置材质样式为 VRayMtl 专用材质，设置Diffuse颜色为黑色，参数设置如图5-130所示。

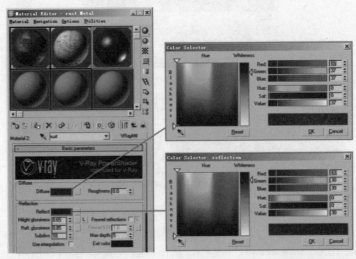

图5-130

Step 5 打开Maps卷展栏，在Bump通道中添加一个Noise贴图，设置贴图强度为15，具体参数设置如图5-131所示。

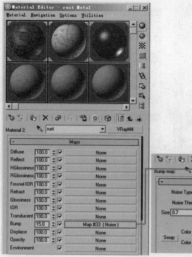

图5-131

Step 6 设置Mask贴图为本书2号配套光盘maps目录下的"aaaaaaaaaaaa.tif"文件，参数设置如图5-132所示。

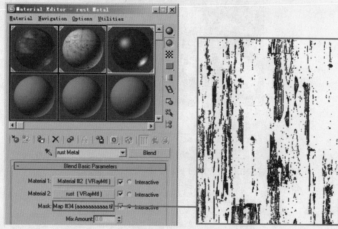

图5-132

Step 7 设置蜡质材质。打开材质编辑器，设置材质样式为 ● VRayMtl 专用材质，在Diffuse通道中添加一个Gradient Ramp贴图，具体参数设置如图5-133所示。

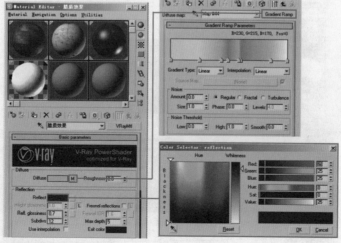

图5-133

Step 8 设置蜡烛的折射参数和雾色效果如图5-134所示。

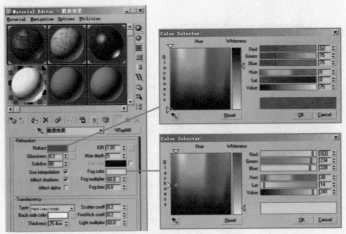

图5-134

Step 9 设置火焰材质。火焰材质为 ⊕ Multi/Sub-Object 材质，由两部分组成，分别为ID1和ID2，如图5-135所示。

图5-135

Step 10 设置ID1部分材质。设置材质样式为标准材质，设置Shader类型为Translucent Shader方式，设置Diffuse颜色为黄色，具体参数设置如图5-136所示。

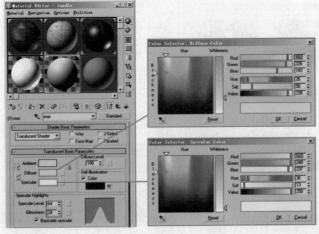

图5-136

打开Maps卷展栏，在Self-Illumination通道中添加一个Mix贴图，设置贴图强度为100，具体
参数设置如图5-137和5-138所示。

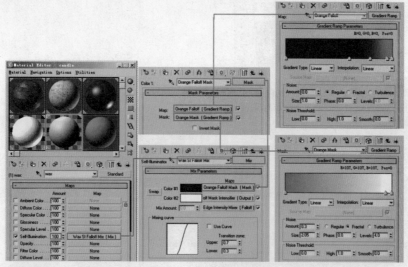

图5-137

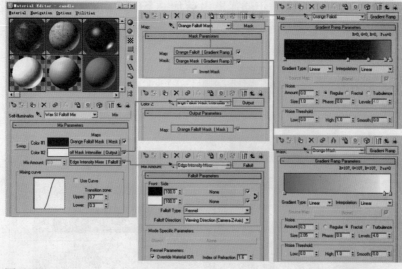

图5-138

在Maps卷展栏的Tranclucent Color通道中添加一个Mask贴图，设置贴图强度为100，具体参数
设置如图5-139所示。

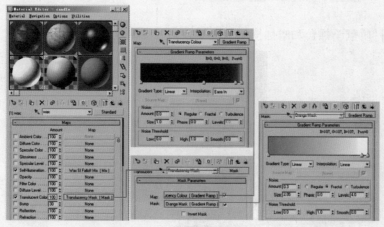

图5-139

Step 13 设置ID2部分材质。设置材质样式为标准材质，设置Shader类型为Blinn方式，设置Diffuse颜色为黑色，参数设置如图5-140所示。

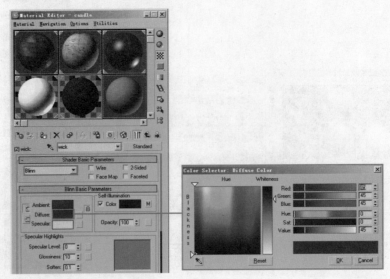

图5-140

Step 14 打开Maps卷展栏，在Self-Illumination通道中添加一个Gradient Ramp贴图，设置贴图强度为100，具体参数设置如图5-141所示。

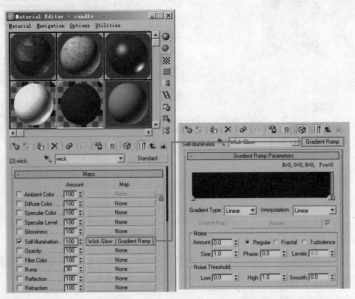

图5-141

Step 15 将所设置的材质赋予烛台和蜡烛模型，渲染效果如图5-142所示。

图5-142

5.9 设置枪支材质

重点提示：枪支的材质包括生锈金属材质、木质材质、黑色金属材质、图案材质和黄色铁皮材质。我们使用VRayMtl材质类型分别设置各个材质。

枪支材质包括生锈金属材质、木质材质、黑色金属材质、图案材质和黄色铁皮材质。

Step 1 枪支的生锈金属材质参数设置同烛台材质，这里不再赘述。下面来设置木质材质。打开材质编辑器，设置材质样式为 ⚫ VRayMtl 专用材质，设置Diffuse贴图为本书2号配套光盘maps目录下的"ww-024.jpg"文件，具体参数设置如图5-143所示。

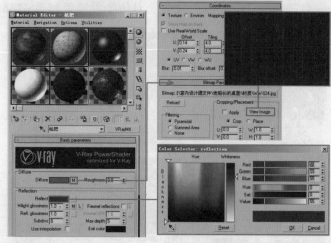

图5-143

Step 2 打开Maps卷展栏，设置HGlossiness贴图为本书2号配套光盘maps目录下的"tatteredingerdgace.jpg"文件，设置贴图强度为60；同时设置Bump贴图为本书2号配套光盘maps目录下的"ww-024.jpg"文件，设置贴图强度为50，具体参数设置如图5-144所示。

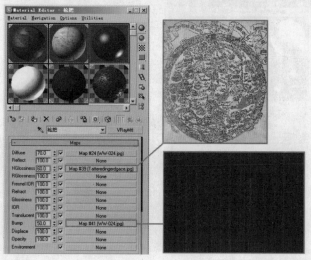

图5-144

Step 3 设置黑色金属材质。打开材质编辑器，设置材质样式为 VRayMtl 专用材质，设置Diffuse颜色为黑色，参数设置如图5-145所示。

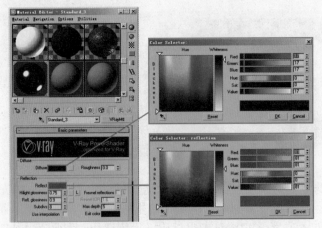

图5-145

Step 4 设置图案材质。打开材质编辑器，设置材质样式为 VRayMtl 专用材质，设置Diffuse贴图为本书2号配套光盘maps目录下的"tietu.jpg"文件，具体参数设置如图5-146所示。

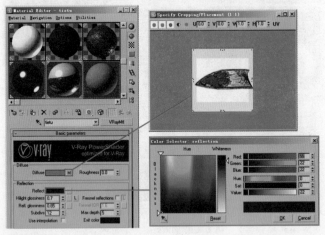

图5-146

Step 5 打开Maps卷展栏，设置Displace贴图为本书2号配套光盘maps目录下的"tietu.jpg"文件，设置贴图强度为5.0，具体参数设置如图5-147所示。

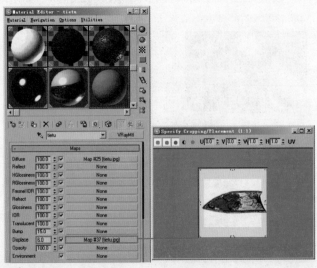

图5-147

Step 6
设置黄色铁皮材质。打开材质编辑器，设置材质样式为标准材质，设置Shader类型为Metal方式，设置Diffuse贴图为本书2号配套光盘maps目录下的"metalgalvanized0021_1_thumb 副本.jpg"文件，具体参数设置如图5-148所示。

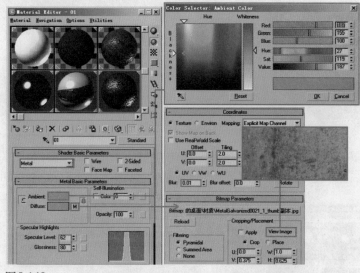

图5-148

Step 7
打开Maps卷展栏，设置Bump贴图为本书2号配套光盘maps目录下的"metalgalvanized0021_1_thumb 副本.jpg"文件，设置贴图强度为120，具体参数设置如图5-149所示。

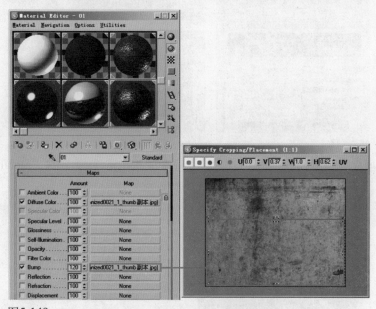

图5-149

Step 8
将所设置的材质赋予枪支模型，渲染效果如图5-150所示。

图5-150

5.10 设置圆规材质

重点提示：使用VRayMtl材质类型设置圆规的材质。

Step 1 打开材质编辑器，设置材质样式为 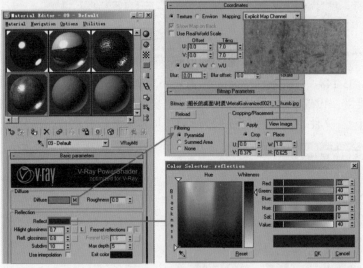 VRayMtl 专用材质，设置Diffuse贴图为本书2号配套光盘maps目录下的"metalgalvanized0021_1_thumb.jpg"文件，具体参数设置如图5-151所示。

图5-151

Step 2 打开Maps卷展栏，设置Bump贴图为本书2号配套光盘maps目录下的"metalgalvanized0021_1_thumb.jpg"文件，设置贴图强度为30，具体参数设置如图5-152所示。

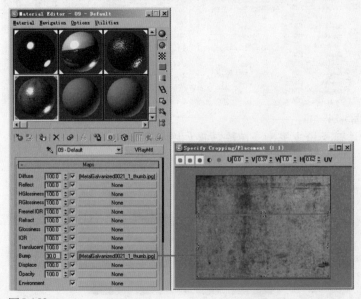

图5-152

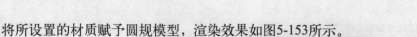

Step 3 将所设置的材质赋予圆规模型,渲染效果如图5-153所示。

图5-153

5.11 设置罗盘材质

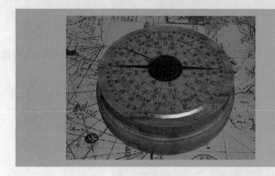

重点提示:罗盘的材质包括金属外壳材质、玻璃罩材质、指针材质和盘面材质。我们使用VRayMtl材质类型分别设置各个部分的材质。

罗盘材质包括金属外壳材质、玻璃罩材质、指针材质和盘面材质。

Step 1 先来设置金属外壳材质。打开材质编辑器,设置材质样式为 VRayMtl 专用材质,设置Diffuse贴图为本书2号配套光盘maps目录下的"metalgalvanized0021_1_thumb 副本.jpg"文件,具体参数设置如图5-154所示。

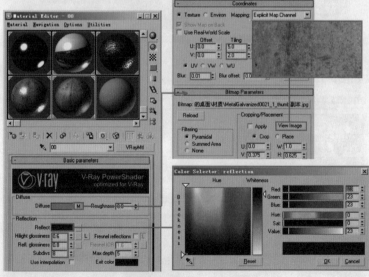

图5-154

Step 2 打开Maps卷展栏,设置Bump贴图为本书2号配套光盘maps目录下的"metalgalvanized0021_1_thumb 副本.jpg"文件,设置贴图强度为30,具体参数设置如图5-155所示。

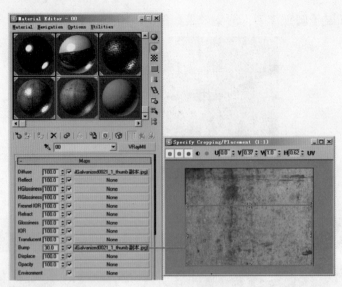

图5-155

Step 3 设置玻璃罩材质。打开材质编辑器，设置材质样式为 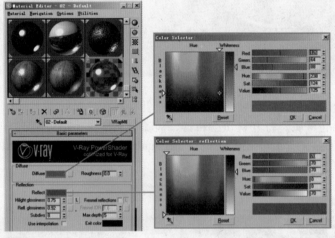 专用材质，设置Diffuse颜色为红色，参数设置如图5-156所示。

图5-156

Step 4 设置折射参数如图5-157所示。

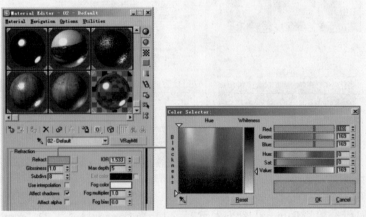

图5-157

Step 5 接下来设置指针材质。打开材质编辑器，设置材质样式为标准材质，设置Shader类型为Metal方式，设置Diffuse颜色为黑色，具体参数设置如图5-158所示。

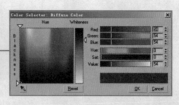

图5-158

设置盘面材质。打开材质编辑器，设置材质样式为标准材质，设置Shader类型为Blinn方式，设置Diffuse贴图为本书2号配套光盘maps目录下的"罗盘.bmp"文件，参数设置如图5-159所示。

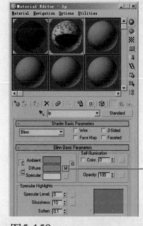
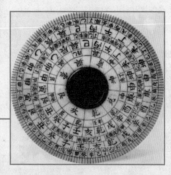

图5-159

将所设置的材质赋予罗盘模型，渲染效果如图5-160所示。

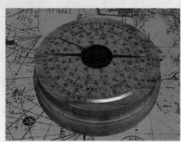

图5-160

5.12 设置麻绳材质

3ds max VRay

重点提示：使用VRayMtl材质类型设置麻绳的材质。

Step 1 打开材质编辑器，设置材质样式为 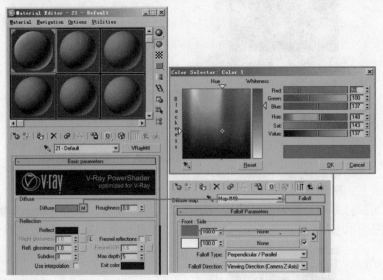 VRayMtl专用材质，在Diffuse通道中添加一个Falloff贴图，具体参数设置如图5-161所示。

图5-161

Step 2 打开Maps卷展栏，设置Displace贴图为本书2号配套光盘maps目录下的"麻绳.jpg"文件，设置贴图强度为5.0，具体参数设置如图5-162所示。

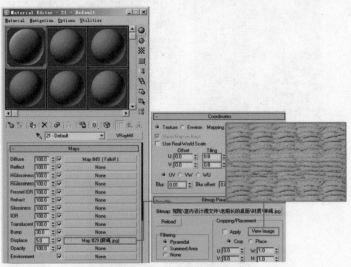

图5-162

Step 3 将所设置的材质赋予麻绳模型，渲染效果如图5-163所示。

图5-163

5.13 设置铜牌材质

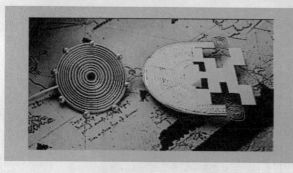

重点提示：铜牌材质包括铜质材质和纹理材质。我们使用VRayMtl材质类型分别设置它的材质。

铜牌材质包括铜质材质和纹理材质。

Step 1 先来设置铜质材质。打开材质编辑器，设置材质样式为 VRayMtl 专用材质，设置Diffuse颜色为黄色，具体参数设置如图5-164所示。

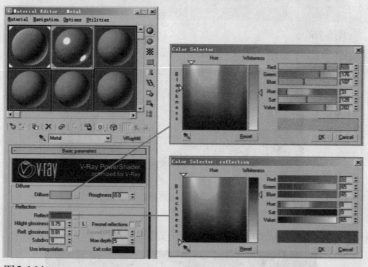

图5-164

Step 2 设置铜质纹理材质。打开材质编辑器，设置材质样式为 VRayMtl 专用材质，设置Diffuse颜色为黄色，具体参数设置如图5-165所示。

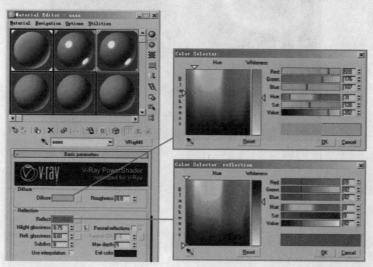

图5-165

Step 3 打开Maps卷展栏，设置Displace贴图为本书2号配套光盘maps目录下的"metal.jpg"文件，设置贴图强度为5.0。具体参数设置如图5-166所示。

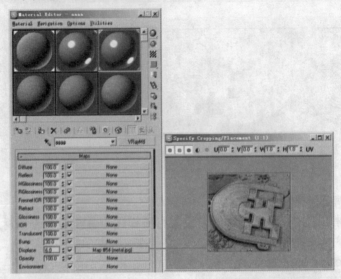

图5-166

Step 4 将所设置的材质赋予铜牌模型，渲染效果如图5-167所示。

图5-167

到此，场景中的材质设置完成，最终渲染效果如图5-168所示。

图5-168

第6章 玩具总动员

　　本章的案例建模特点是：使用基本的几何体创建模型；学会使用Extrude（挤压）、Bevel（斜角挤压）、Chamfer（倒角）、Connect（连接）、NURMS Toggle（光滑）等命令对模型进行编辑制作；学习使用毛发编辑器。

　　本章的案例结构特点是：本例我们来制作一幅玩具类的空间场景。场景内的玩具包括玩具娃娃、玩具鹿和玩具猪。场景内模型摆放紧凑，展现出一幅儿童时期的天真画面。

　　本章的案例材质特点是：材质以布料材质为主，这是因为玩具都是布质的，另外包括纸张材质和不锈钢材质及灯泡的玻璃材质。

　　本章的案例灯光特点是：使用VRayLight面光源作为场景主光源，从各个方向照亮场景。

本例我们来制作一幅玩具模型的场景，名为"玩具总动员"。场景内展示了玩具娃娃、玩具小鹿及玩具猪的模型，背后有落地灯，地面上有纸笔，能够看出这是一个小孩子的娱乐空间，不仅能够展示出空间的温馨氛围，而且能够将人们带回到童年时代。

效果图如图6-1所示。

图6-1

6.1 纸和铅笔制作

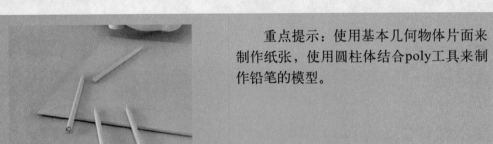

重点提示：使用基本几何物体片面来制作纸张，使用圆柱体结合poly工具来制作铅笔的模型。

本例制作的是一些玩具的模型，这里我们主要学习poly工具中Bevel（斜角挤压）等一些工具的使用。

Step 1 在命令面板中单击 按钮进入创建命令面板，在创建命令面板中单击 按钮进入二维命令面板，选择 Splines 类型中，单击 Line 按钮，在视图中绘制出一条曲线，如图6-2所示。

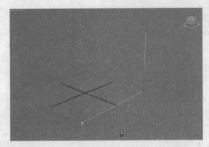

图6-2

Step 2 单击 进入修改面板，单击 进入点物体层级，选择折角处的节点，单击 Fillet 按钮，在节点上拖动，将折角设置成为内圆形，如图6-3所示。

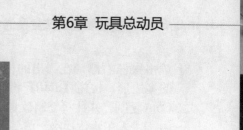

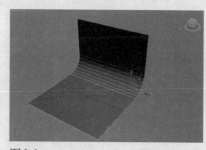

图6-3

提 示 Fillet命令是切角的意思,用于对曲线进行加工,对直的折角进行加线处理,以产生圆角和切角的效果。

Step 3 单击修改命令列表右边的 ▼按钮,在弹出的下拉命令菜单中,选择【Extrude】命令,将曲线挤压出面,如图6-4所示。

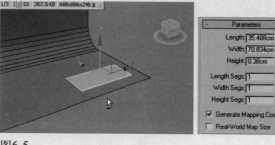

图6-4

Step 4 下面我们来制作纸张的模型。在命令面板中单击 ⬚按钮进入创建命令面板,在创建命令面板中单击 ⬤按钮进入几何体面板,选择 Standard Primitives ▼类型,单击 Box 按钮,在视图中创建一个长方体模型,单击 ✎进入修改面板,在Parameters卷展栏中设置参数,如图6-5所示。

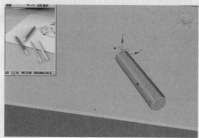

图6-5

以上步骤的操作录像参考本书2号光盘"视频教学\第6章\1.avi"文件第01秒到第3分钟处。

Step 5 下面我们制作铅笔的模型。在命令面板中单击 ⬚按钮进入创建命令面板,在创建命令面板中单击 ⬤按钮进入几何体面板,选择 Standard Primitives ▼类型,单击 Cylinder 按钮,在图中创建一个圆柱体模型,单击 ✎进入修改面板,在Parameters卷展栏中设置参数,如图6-6所示。

图6-6

Step 6 单击鼠标右键，在弹出的快捷菜单中选择 Convert to Editable Poly 选项，将模型塌陷成为可编辑的多边形。按住【Shift】键，将模型沿着Y轴移动，在弹出的对话框中设置复制参数，选择Copy复制，并且将复制数量选择为1，将模型复制，如图6-7所示。然后选择复制的模型，单击 进入子物体层级，将复制的模型调整到如图6-8所示的长度。

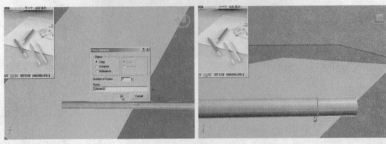

图6-7　　　　　　　　　图6-8

Step 7 单击 进入面物体层级，选择图6-9中所示的面，单击 Bevel 按钮右边的 按钮，在弹出的对话框中设置斜角挤压参数，如果要进行连续挤压，那么设置好参数后单击 Apply 按钮。挤压完成，如图6-10所示。然后可以在挤压的基础上再次进行挤压，一直到挤压设置完成，最后单击 OK 按钮，模型挤压过程如图6-11所示。

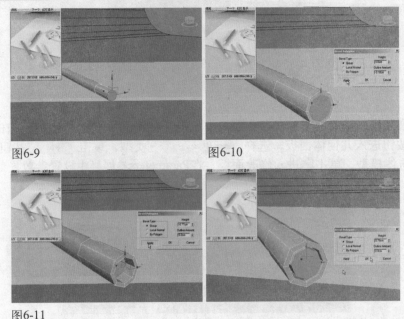

图6-9　　　　　　　　　图6-10

图6-11

 提　示　　　Bevel（倒角）：是Extrude工具和Outline工具的结合。Bevel工具对多边形面挤压以后还可以让面沿着自身的平面坐标进行放大和缩小。

Step 8 单击 进入边物体层级，选择图6-12中所示的曲线，单击 Chamfer 按钮右边的 按钮，在弹出的对话框中设置倒角参数，单击【OK】按钮，倒角完成，如图6-13所示。单击鼠标右键，在弹出的快捷菜单中选择 NURMS Toggle 命令，将模型平滑显示，效果如图6-14所示。

 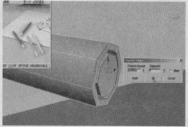 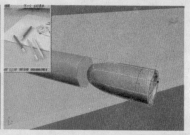

图6-12　　　　　　　　　　图6-13　　　　　　　　　图6-14

 选择图6-15中所示的曲线，单击 Chamfer 按钮右边的▣按钮，在弹出的对话框中设置倒角参数，单击【OK】按钮，倒角完成，如图6-16所示。

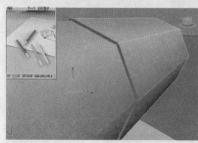 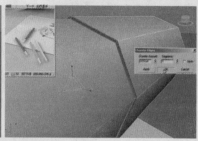

图6-15　　　　　　　　　　图6-16

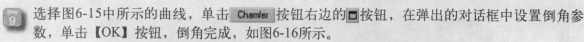

Chamfer（切角）：边线使用Chamfer，会使边线分成两条边线。

提　示

选择图6-17中所示的曲线，单击 Connect 按钮，添加一条曲线，如图6-18所示。然后将曲线移动到如图6-19所示的位置。然后继续在模型上添加曲线，如图6-20所示。

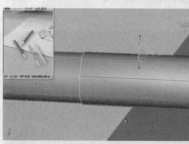 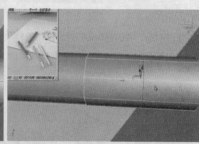

图6-17　　　　　　　　　　图6-18

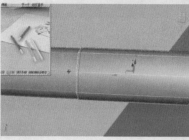 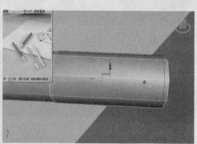

图6-19　　　　　　　　　　图6-20

 Connect（连接）：可以在被选择的边线之间生成新的边线，单击【Connect】按钮旁的▣，可以调节生成边线的数量。

提　示

选择图6-21中所示的面，单击 Bevel 按钮右边的▣按钮，在弹出的对话框中设置斜角挤压参数，将模型挤压到如图6-22所示的形状。在工具栏中单击▣缩放按钮，或者按【R】键，将挤压出来的面等比缩小，如图6-23所示。

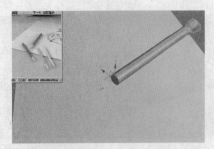

图6-21

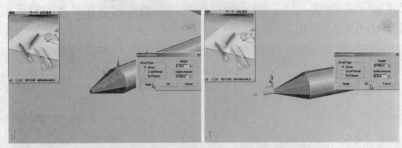

图6-22

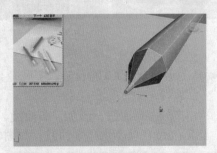

图6-23

为笔头位置添加曲线，如图6-24所示。制作好的铅笔模型如图6-25所示。

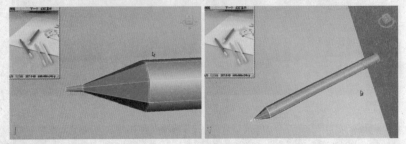

图6-24   图6-25

以上步骤的操作录像参考本书2号光盘"视频教学\第6章\1.avi"文件第3分钟到视频结束处。

6.2 小猪制作

3ds max VRay

　　重点提示：使用基本几何物体box创建模型，将物体转变成可编辑多边形。给物体添加新的曲线，然后选择相应的面进行挤压制作。

Step 1 在命令面板中单击 按钮进入创建命令面板，在创建命令面板中单击 按钮进入几何体面板，选择 Standard Primitives 类型，单击 Box 按钮，在视图中创建一个长方体模型，单击 进入修改面板，在Parameters卷展栏中设置参数，如图6-26所示。

图6-26

Step 2 单击鼠标右键，在弹出的快捷菜单中选择 Convert to Editable Poly 命令，将模型塌陷成为可编辑的多边形。选择模型一侧的节点，按【Delete】键删除，如图6-27所示。退出子物体层级，在工具栏单击 按钮，在弹出的对话框中设置镜像参数，选择"Instance关联Copy"复制参数，单击按钮 OK ，在X轴复制模型，如图6-28所示。

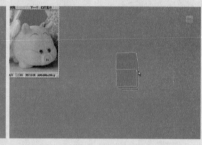

图6-27

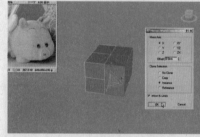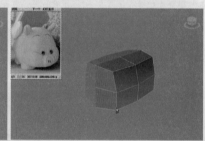

图6-28

Step 3 选择模型上的曲线，如图6-29所示，单击 Connect 按钮，添加一条曲线。再次选择模型一侧的曲线，单击 Connect 按钮，添加一条曲线，如图6-30所示。

图6-29

图6-30

Step 4 将模型的形状调整到如图6-31所示。然后选择前端的两条曲线，如图6-32所示，单击 Connect 按钮，添加一条曲线，如图6-33所示。调整节点的位置到如图6-34所示。单击鼠标右键，在弹出的快捷菜单中选择【Cut】命令，对照图6-35中所示的位置，切出一条曲线。

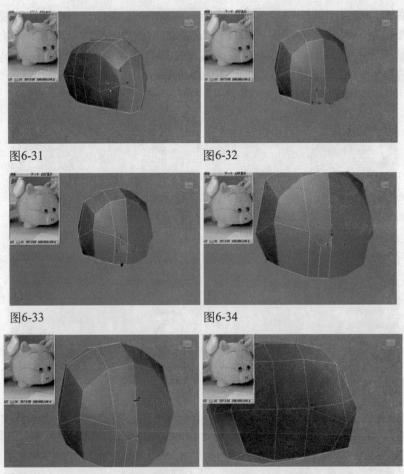

图6-31   图6-32

图6-33   图6-34

图6-35

Step 5 选择图6-36中所示的曲线，单击 Remove 按钮，将选择的曲线移除。选择小猪脸蛋位置的面，如图6-37所示，用Bevel斜角挤压命令将模型挤压到如图6-38所示的形状。然后调整模型到如图6-39所示的形状。

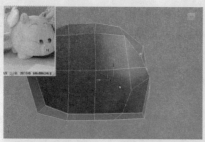
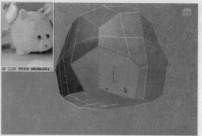

图6-36　　　　　　　　　　　图6-37

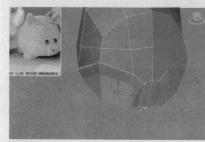
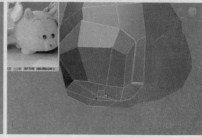

图6-38　　　　　　　　　　　图6-39

Remove（移除）：这个功能不同于使用【Delete】键进行的删除，它可以在移除顶点的同时保留顶点所在的面。

提　示

以上步骤的操作录像参考本书2号光盘"视频教学\第6章\2.avi"文件开始到第6分钟处。

Step
6　对照图6-40中所示的位置，单击鼠标右键，在弹出的快捷菜单中选择【Cut】命令。用同样的方法挤压出猪鼻子的形态，如图6-41所示。

图6-40　　　　　　　　　　　图6-41

Step
7　选择图6-42中所示的节点，单击 Chamfer 按钮右边的□按钮，在弹出的对话框中设置斜角倒角参数，将节点进行倒角，如图6-43所示。

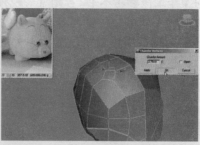

图6-42　　　　　　　　　　　图6-43

Chamfer（切角）：在点层级时，相当于挤压时只左右移动鼠标将点分解的效果。使用方法和Extrude类似。

提　示

Step 8 选择倒角后产生的面，按【Delete】键删除，如图6-44所示。单击 进入边界物体层级，选择删除面后的边缘曲线，按住【Shift】键向上移动复制，如图6-45所示。然后在模型上添加曲线，将模型调整到如图6-46所示的形状。

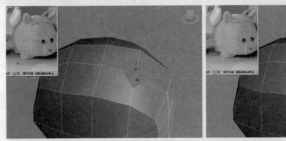
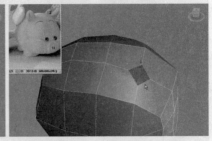

图6-44

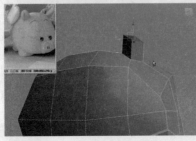

图6-45　　　　　　　　　图6-46

Step 9 继续选择边缘曲线，按住【Shift】键向上复制，如图6-47所示。然后单击 Cap 按钮，为边缘曲线上添加面，如图6-48所示。继续添加曲线，将耳朵的形状调整到如图6-49所示。

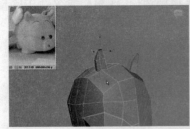
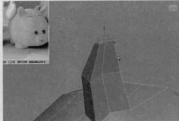
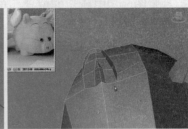

图6-47　　　　　　　　图6-48　　　　　　　　图6-49

 提　示　　　Cap（封盖）：选择边界，然后单击 Cap 按钮就可以把边界封闭，非常简便。

以上步骤的操作录像参考本书2号光盘"视频教学\第6章\2.avi"文件第6分钟到第10分钟处。

Step 10 下面我们来制作小猪的腿。选择身体下方的面，如图6-50所示，单击 Extrude 按钮右边的□按钮，在弹出的对话框中设置挤压参数，如图6-51所示。选择缩放工具，沿着Y轴调整面，如图6-52所示。然后调整挤压的模型到如图6-53所示。

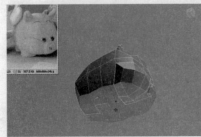
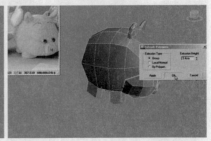

图6-50　　　　　　　　　图6-51

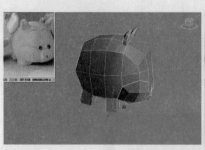
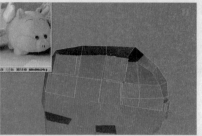

图6-52 图6-53

提 示　　　Extrude（挤压）有3种挤压的模式，单击【Extrude】按钮旁边的□按钮就可以看到Extrude的高级设置对话框。

Step 11 再次用 Extrude 命令挤压腿部模型，如图6-54所示。最终将小猪的腿部形状调整到如图6-55所示。

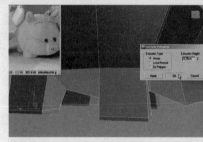

图6-54 图6-55

以上步骤的操作录像参考本书2号光盘"视频教学\第6章\2.avi"文件第10分钟到第11分钟25秒处。

Step 12 下面来制作小猪的眼睛模型。在命令面板中单击 按钮进入创建命令面板，在创建命令面板中单击 按钮进入几何体面板，选择 Standard Primitives 类型，单击 Sphere 按钮，在Front正视图中创建一个球体模型，单击 进入修改面板，在Parameters卷展栏中设置参数，如图6-56所示。

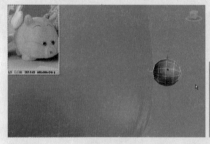
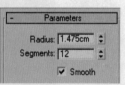

图6-56

Step 13 单击鼠标右键，在弹出的快捷菜单中选择 Convert to Editable Poly 选项，将模型塌陷成为可编辑的多边形。选择图6-57中所示的节点，按【Delete】键删除。将眼睛模型调整到如图6-58所示的形状和位置。在工具栏单击 按钮，在弹出的对话框中设置镜像参数，选择Copy复制参数，单击按钮 OK ，在X轴复制另一半模型，如图6-59所示。

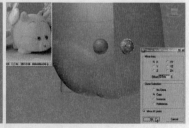

图6-57 图6-58 图6-59

以上步骤的操作录像参考本书2号光盘"视频教学\第6章\2.avi"文件第11分钟25秒到第14分钟20秒处。

Step 14 在命令面板中单击 按钮进入创建命令面板，在创建命令面板中单击 ⊙ 按钮进入几何体面板，选择 `Standard Primitives` ▼ 类型，单击 Box 按钮，在Front正视图中创建一个长方体模型，如图6-60所示。

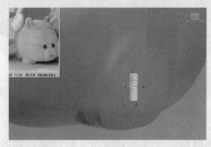

图6-60

Step 15 单击鼠标右键，在弹出的快捷菜单中选择 `Convert to Editable Poly` 选项，将模型塌陷成为可编辑的多边形。单击鼠标右键，在弹出的快捷菜单中选择 `NURMS Toggle` 命令，将模型平滑显示。进入点物体层级，调整模型到如图6-61所示的形状位置。

图6-61

Step 16 用相同的方法制作出眉毛模型。制作完成的小猪模型如图6-62所示。

图6-62

以上步骤的操作录像参考本书2号光盘"视频教学\第6章\2.avi"文件第14分钟20秒到视频结束处。

6.3 女孩娃娃制作

重点提示：使用基本几何物体创建模型，使用Poly工具对模型进行细节的塑造。使用毛发系统来制作玩具娃娃的头发。

Step 1　创建基本几何体，将模型转化成为可编辑的多边形，然后用上面讲过的命令制作出身体模型，如图6-63所示，这里我们不做详细讲解，大家可以参考教学视频。

图6-63

以上步骤的操作录像参考本书2号光盘"视频教学\第6章\3.avi"文件开始到第18分钟处。

Step 2　下面我们来介绍头发模型的制作。单击修改命令列表右边的▼按钮，在弹出的下拉命令列表中选择 Hair and Fur (WSM) 命令，进入毛发编辑器。选择图6-64中所示的面，将毛发全部显示在选择的面上，如图6-65所示。

图6-64　　　　　　　　　　　图6-65

Step 3　打开 General Parameters 卷展栏，在Hair Count中调整毛发的数量，如图6-66所示。进入 ? 层级，在 Styling 卷展栏中单击 Style Hair 按钮，梳理毛发的方向和形态，如图6-67所示。再次单击 ? ，打开 Tools 卷展栏，单击 Guides → Splines 按钮，将毛发实体显示，如图6-68所示。

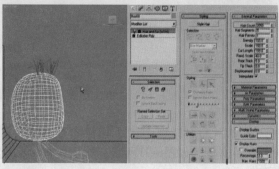

图6-66

图6-67　　　　　　　　　　　图6-68

Step 4 选择 Hair and Fur (WSM) ，单击 按钮，将命令删除，如图6-69所示。

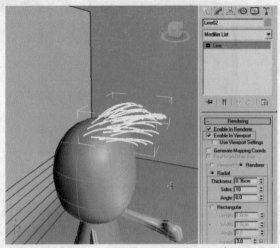

图6-69

以上步骤的操作录像参考本书2号光盘"视频教学\第6章\3.avi"文件第18分钟到第21分钟处。

Step 5 在命令面板中单击 按钮进入创建命令面板，在创建命令面板中单击 按钮进入二维命令面板，选择 Splines 类型，单击 Helix 按钮，在视图中创建一个螺旋模型，单击 进入修改面板，在卷展栏中设置参数，如图6-70所示。

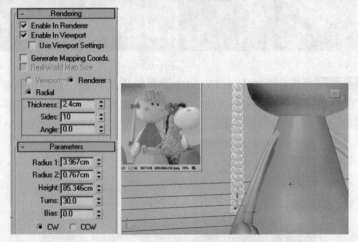

图6-70

Step 6 在工具栏单击 按钮，在弹出的对话框中设置镜像参数，选择Copy复制参数，单击按钮 OK ，在X轴复制另一半模型，如图6-71所示。然后将复制的模型移动到如图6-72所示的位置。辫子模型制作完成。

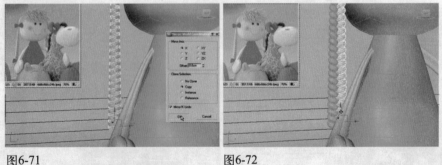

图6-71   图6-72

Step 7 小女孩娃娃的模型制作完成，如图6-73所示。

图6-73

以上步骤的操作录像参考本书2号光盘"视频教学\第6章\3.avi"文件第21分钟到视频结束处。

6.4 长颈鹿制作

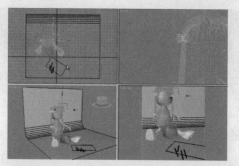

重点提示：使用基本几何物体球体创建模型。改变球体的分段数，将球体转变成可编辑多边形，然后使用Bevel（斜角挤压）制作模型。

Step 1 在视图中创建一个Box物体，添加曲线，将模型调整到如图6-74所示的形状。然后选择图6-75中所示的节点，按【Delete】键删除。选择删除面后的边缘曲线，按住【Shift】键将模型复制到如图6-76所示的位置。

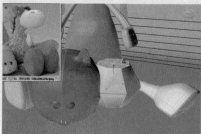

图6-74   图6-75

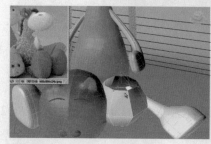

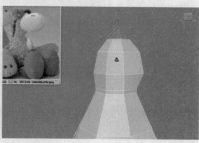

图6-76

Step 2 单击 Cap 按钮，在边缘曲线上添加面，如图6-77所示。选择图6-78中所示的两个节点，单击 Connect 按钮，连接两个节点，如图6-79所示。用同样的方法连接另外两个节点，如图6-80所示。

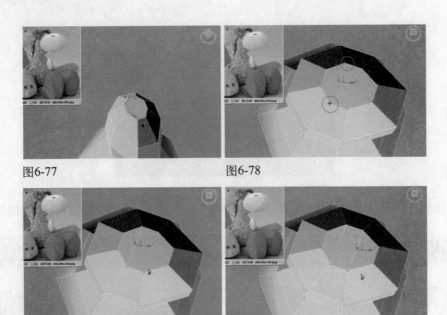

图6-77   图6-78

图6-79   图6-80

Step 3 然后选择图6-81中所示的节点，按【Delete】键删除，如图6-82所示。然后选择删除后的边缘曲线，按住【Shift】键复制出嘴部模型，如图6-83所示。

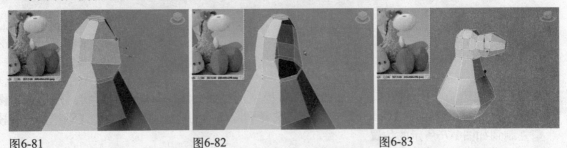

图6-81   图6-82   图6-83

以上步骤的操作录像参考本书2号光盘"视频教学\第6章\4.avi"文件开始到第5分钟35秒处。

Step 4 然后用基本几何体制作出耳朵和前肢的模型。用复制边线的方法制作出后腿模型，具体制作过程参考教学视频。制作完成的长颈鹿模型如图6-84所示。

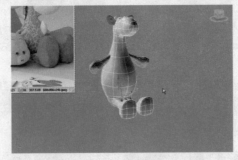

图6-84

以上步骤的操作录像参考本书2号光盘"视频教学\第6章\4.avi"文件第5分钟35秒到视频结束。

6.5 台灯制作

3ds max VRay

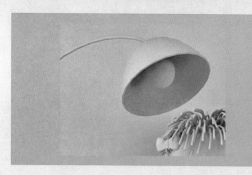

重点提示：使用基本几何物体圆柱体创建模型，使用Poly工具和Bevel（斜角挤压）工具制作出台灯的支架部分。使用样条曲线勾勒出灯罩的形状，然后使用Lathe（旋转）修改命令制作出灯罩的模型。

Step 1 在命令面板中单击 按钮进入创建命令面板，在创建命令面板中单击 按钮进入几何体面板，选择 Standard Primitives 类型，单击 Cylinder 按钮，在Top顶视图中创建一个圆柱体模型，单击 进入修改面板，在Parameters卷展栏中设置参数，如图6-85所示。

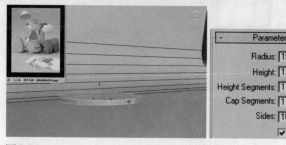

图6-85

Step 2 单击鼠标右键，在弹出的快捷菜单中选择 Convert to Editable Poly 选项，将模型塌陷成为可编辑的多边形。选择图6-86中所示的面，单击 Inset 按钮右边的 按钮，在弹出的对话框中设置插入面参数，单击【OK】按钮，设置完成，如图6-87所示。

图6-86   图6-87

Step 3 在命令面板中单击 按钮进入创建命令面板，在创建命令面板中单击 按钮进入二维命令面板，选择 Splines 类型，单击 Line 按钮，在LEFT视图中绘制如图6-88所示的曲线。单击 进入修改面板，在Rendering卷展栏中设置参数，如图6-89所示。

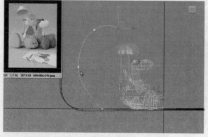

图6-88

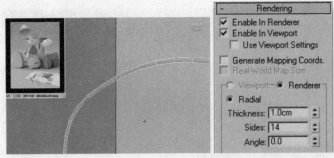

图6-89

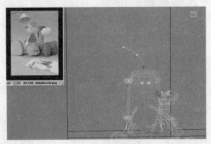

图6-90

Step 4 在命令面板中单击 ▸ 按钮进入创建命令面板，在创建命令面板中单击 ◎ 按钮进入二维命令面板，选择 Splines ▾ 类型中，单击 Line 按钮，在LEFT视图中绘制如图6-90所示的曲线。

Step 5 单击修改命令列表右边的 ▾ 按钮，在弹出的对话框中选择Lathe命令，在Parameters卷展栏中设置参数，单击 Min 按钮，如图6-91所示。

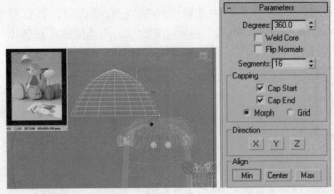

图6-91

Step 6 单击 ∧ 进入样条线层级，单击 Outline 按钮，在模型上拖动，将模型创建出厚度，如图6-92所示。

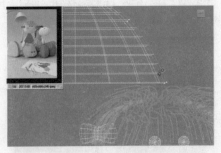

图6-92

以上步骤的操作录像参考本书2号光盘"视频教学\第6章\5.wmv"文件开始到第5分钟处。

Step 7 在命令面板中单击 按钮进入创建命令面板，在创建命令面板中单击 按钮进入几何体面板，选择 Standard Primitives 类型，单击 Sphere 按钮，在Top视图中创建一个圆柱体模型。在工具栏中单击 按钮，然后单击灯罩模型，将模型对齐，如图6-93所示。

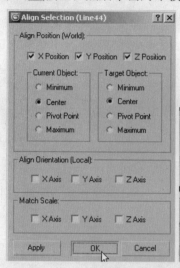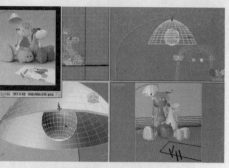

图6-93

Step 8 旋转模型的位置，将灯罩模型调整到如图6-94所示的位置。

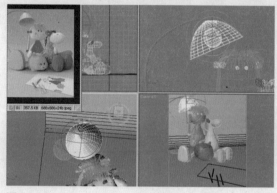

图6-94

以上步骤的操作录像参考本书2号光盘"视频教学\第6章\5.wmv"文件第5分钟到第6分钟处。

Step 9 用前面讲过的毛发编辑器，将长颈鹿的毛发模型制作出来。制作完成的模型如图6-95所示。

图6-95

以上步骤的操作录像参考本书2号光盘"视频教学\第6章\5.wmv"文件第6分钟到视频结束处。

6.6 灯光的设置

重点提示：本例通过制作一个玩具场景来体验VRay强大的渲染功能。

首先设置场景中的灯光。

Step 1 打开本书2号配套光盘"视频教学\第6章"目录下的"max完成.max"场景文件，这是本例制作的模型，如图6-96所示。

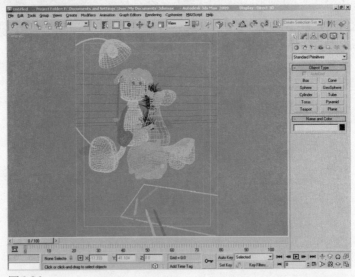

图6-96

Step 2 设置面光源。在 建立命令面板中单击 **VRayLight** 按钮，在场景中建立四盏面光源，具体位置如图6-97所示。

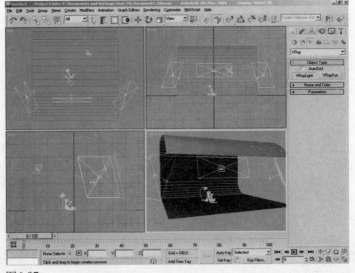

图6-97

在修改命令面板中设置面光源参数如图6-98到6-101所示。

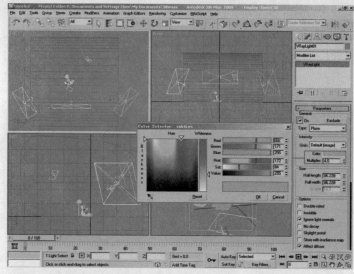

图6-98

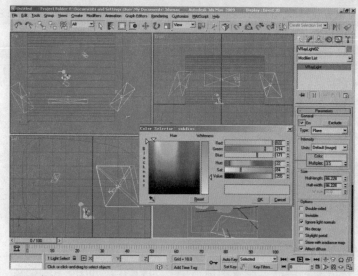

图6-99

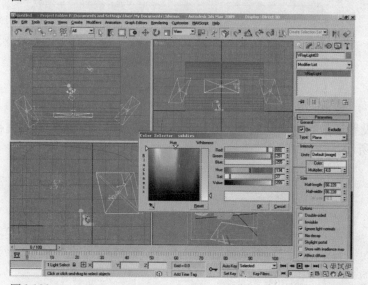

图6-100

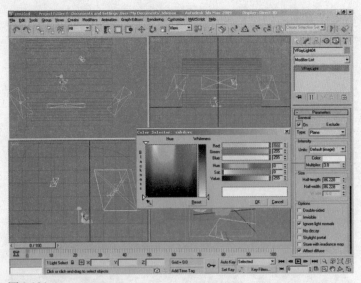

图6-101

6.7 渲染设置

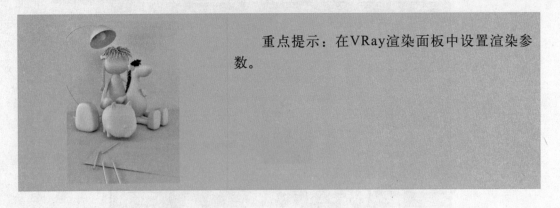

　　　　　　　　　　　　重点提示：在VRay渲染面板中设置渲染参
数。

下面我们来进行渲染设置。

Step 1 按【F10】键打开渲染对话框，设置当前渲染器为VRay，如图6-102所示。

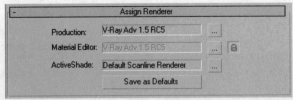

图6-102

Step 2 下面我们来设置场景的照明贴图。打开 V-Ray:: Image sampler (Antialiasing) 卷展栏，设置抗锯齿参数如图6-103所示。

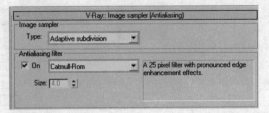

图6-103

Step 3 在 V-Ray:: Indirect illumination (GI) 卷展栏中，设置参数如图6-104所示。这是间接照明参数。

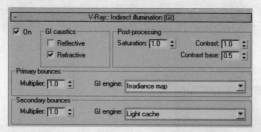

图6-104

Step 4 在 V-Ray:: Irradiance map 卷展栏中设置参数如图6-105所示。

图6-105

Step 5 在 V-Ray:: Light cache 卷展栏中设置参数如图6-106所示。这是灯光贴图设置。

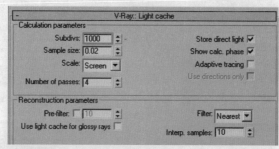

图6-106

Step 6 在 V-Ray:: rQMC Sampler 卷展栏中设置参数如图6-107所示。这是准蒙特卡罗采样设置。

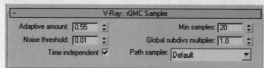

图6-107

Step 7 在 V-Ray:: Environment 卷展栏中激活 GI Environment (skylight) override 区域的 On 复选框，设置天光色为蓝色，具体参数设置如图6-108所示。

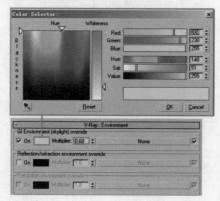

图6-108

下面我们来测试灯光效果。

Step 8 按【M】键打开材质编辑器，选择一个空白样本球，单击 Standard 按钮，在弹出的 Material/Map Browser 对话框中选择 VRayMtl 材质类型。设置Diffuse的颜色为灰色，如图6-109所示。

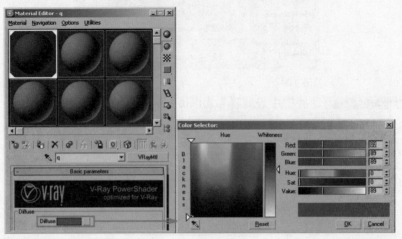

图6-109

Step 9 按【F10】键打开渲染对话框，在 V-Ray:: Global switches 卷展栏中激活 Override mtl 复选框，然后将刚才在材质编辑器的这个材质拖动到 Override mtl 复选框旁边的贴图按钮上，如图6-110所示。

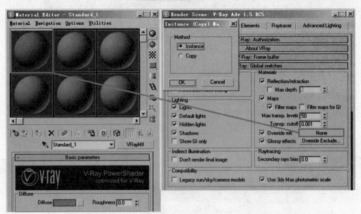

图6-110

此时的渲染效果如图6-111所示。测试完成后将 Override mtl 复选框关闭。

图6-111

6.8 设置玩具娃娃材质

重点提示：玩具娃娃材质包括脸部材质、头发材质、蝴蝶结材质、眼睛材质、身体材质、胳膊材质和腿部材质。使用VRayMtlWrapper（包裹材质）类型来设置玩具娃娃的材质。

玩具娃娃材质包括脸部材质、头发材质、蝴蝶结材质、眼睛材质、身体材质、胳膊材质和腿部材质。

Step 1 先来设置脸部材质。打开材质编辑器，设置材质样式为 ● VRayMtlWrapper 材质，如图6-112所示。

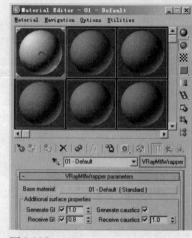

图6-112

Step 2 设置Base material部分材质。设置材质样式为标准材质样式，设置Shader类型为Blinn方式，设置Diffuse贴图为本书2号配套光盘maps目录下的"face.bmp"文件，具体参数设置如图6-113所示。

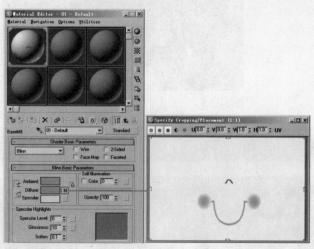

图6-113

Step 3 设置头发材质。打开材质编辑器，设置材质样式为 ● VRayMtlWrapper 材质，如图6-114所示。

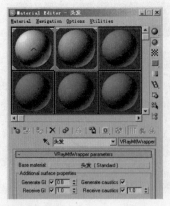

图6-114

Step 4 设置Base material部分材质。设置材质样式为标准材质样式，设置Shader类型为Blinn方式，设置Diffuse颜色为黄色，具体参数设置如图6-115所示。

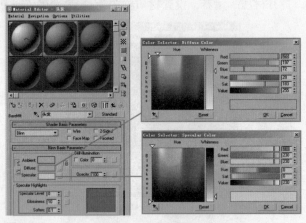

图6-115

Step 5 玩具娃娃的其他部分材质设置同头发材质，只是颜色有所不同，这里不再赘述。将所设置好的材质赋予玩具娃娃模型，渲染效果如图6-116所示。

图6-116

6.9 设置玩具小鹿材质

3ds max VRay

重点提示：玩具小鹿材质包括身体材质、嘴部材质和脚部材质。使用标准材质类型来设置玩具小鹿的材质。

玩具小鹿材质包括身体材质、嘴部材质和脚部材质。

Step 1 先来设置身体材质。打开材质编辑器，设置材质样式为标准材质，设置Shader类型为Blinn方式，设置Diffuse贴图为本书2号配套光盘maps目录下的"cjl.bmp"文件，具体参数设置如图6-117所示。

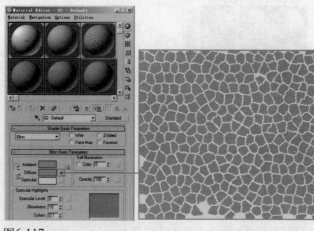

图6-117

Step 2 设置嘴部材质。打开材质编辑器，设置材质样式为标准材质，设置Shader类型为Phong方式，设置Diffuse贴图为本书2号配套光盘maps目录下的"bw-035.jpg"文件，具体参数设置如图6-118所示。

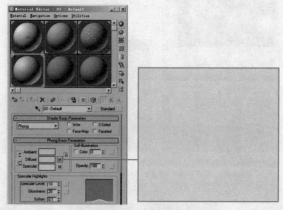

图6-118

Step 3 打开Maps卷展栏，设置Specular Color贴图为本书2号配套光盘maps目录下的"bw-035.jpg"文件；设置Bump贴图为本书2号配套光盘maps目录下的"s050_b.jpg"文件，设置贴图强度为10，具体参数设置如图6-119所示。

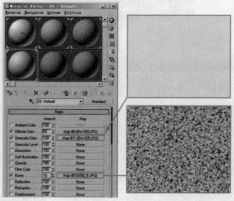

图6-119

Step 4 设置脚部材质。打开材质编辑器，设置材质样式为标准材质，设置Shader类型为Blinn方式，设置Diffuse贴图为本书2号配套光盘maps目录下的"单色墙纸09.jpg"文件，具体参数设置如图6-120所示。

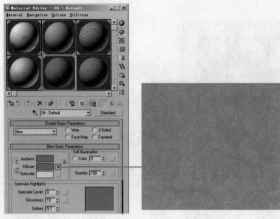

图6-120

Step 5 打开Maps卷展栏，设置Bump贴图为本书2号配套光盘maps目录下的"单色墙纸09.jpg"文件，设置贴图强度为100，具体参数设置如图6-121所示。

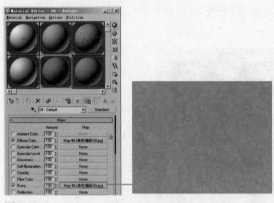

图6-121

Step 6 将所设置的材质赋予玩具小鹿模型，渲染效果如图6-122所示。

图6-122

6.10 设置玩具猪材质

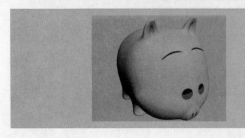

重点提示：玩具猪材质包括身体材质、眼睛材质和眉毛材质。使用使用VRayMtlWrapper（包裹材质）类型来设置玩具小猪的材质。

玩具猪材质包括身体材质、眼睛材质和眉毛材质。

Step 1 先来设置身体材质。打开材质编辑器，设置材质样式为 VRayMtlWrapper 材质，如图6-123所示。

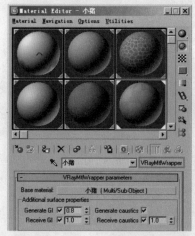

图6-123

Step 2 设置Base material部分材质，这部分材质为 Multi/Sub-Object 材质，由两部分组成，分别为 ID1和ID2，如图6-124所示。

图6-124

Step 3 设置ID1部分材质。设置材质样式为标准材质，设置Shader类型为Blinn方式，设置Diffuse贴图为本书2号配套光盘maps目录下的"s054_c.jpg"文件，具体参数设置如图6-125所示。

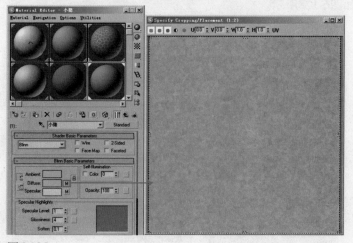

图6-125

Step 4 打开Maps卷展栏，设置Specular Color贴图为本书2号配套光盘maps目录下的"s054_c.jpg"文件；设置Bump贴图为本书2号配套光盘maps目录下的"s093_b.jpg"文件，设置贴图强度为40，具体参数设置如图6-126所示。

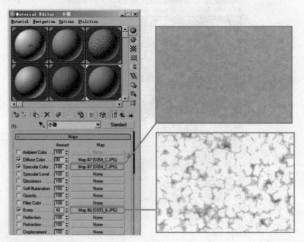

图6-126

Step 5 设置ID2部分材质，设置材质样式为标准材质，设置Shader类型为Blinn方式，设置Diffuse颜色为橘黄色，参数设置如图6-127所示。

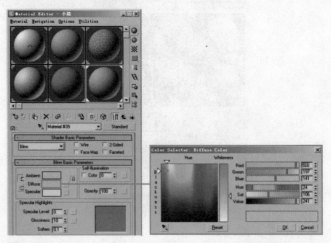

图6-127

Step 6 设置眼睛材质。打开材质编辑器，设置材质样式为 VRayMtl 材质，设置Diffuse颜色为黑色，参数设置如图6-128所示。

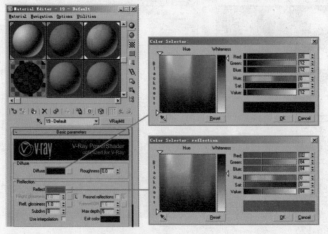

图6-128

Step 7 设置眉毛材质。打开材质编辑器，设置材质样式为标准材质，设置Shader类型为Blinn方式，设置Diffuse颜色为黑色，参数设置如图6-129所示。

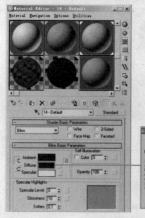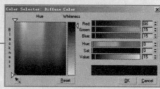

图6-129

将所设置的材质赋予玩具猪模型，渲染效果如图6-130所示。

图6-130

6.11 设置纸笔材质

重点提示：使用标准材质类型设置纸张的材质。使用VRayMtlWrapper（包裹材质）类型来设置笔的材质。

Step 1 先来设置纸张材质。打开材质编辑器，设置材质样式为标准材质，设置Shader类型为Blinn方式，设置Diffuse贴图为本书2号配套光盘maps目录下的"p.jpg"文件，参数设置如图6-131所示。

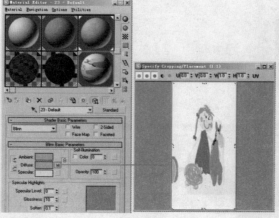

图6-131

Step 2 设置笔帽材质。打开材质编辑器，设置材质样式为 VRayMtlWrapper 材质，如图6-132所示。

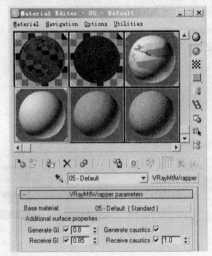

图6-132

Step 3 设置Base material部分材质。设置材质样式为标准材质，设置Shader类型为Blinn方式，设置Diffuse颜色为浅黄色，具体参数设置如图6-133所示。

Step 4 设置笔杆材质。打开材质编辑器，设置材质样式为 VRayMtlWrapper 材质，如图6-134所示。

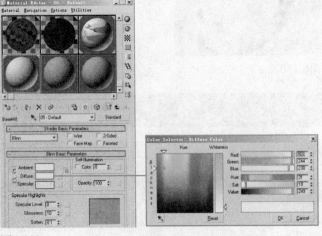

图6-133

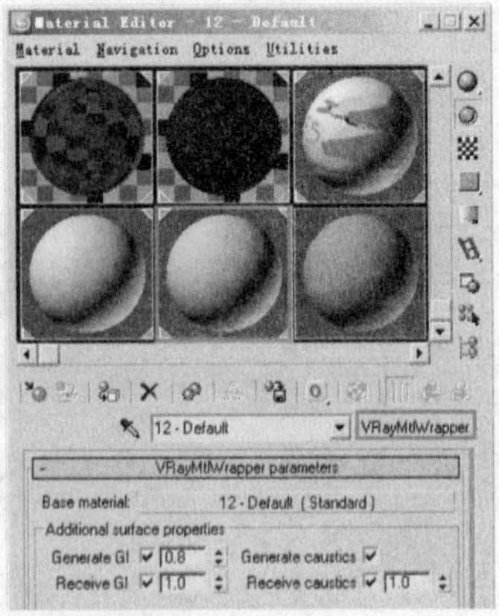

图6-134

Step 5 设置Base material部分材质。设置材质样式为标准材质，设置Shader类型为Blinn方式，设置Diffuse颜色为黄色，具体参数设置如图6-135所示。

Step 6 将所设置的材质赋予纸笔模型，渲染效果如图6-136所示。

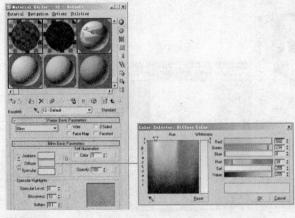

图6-135

图6-136

6.12 设置落地灯材质

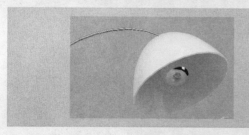

重点提示：落地灯材质包括陶瓷材质、不锈钢材质和玻璃材质。我们使用VRayMtl材质类型来设置这几种材质。

落地灯材质包括陶瓷材质、不锈钢材质和玻璃材质。

Step 1 先来设置陶瓷材质。打开材质编辑器，设置材质样式为 ●VRayMtl 材质，设置Diffuse颜色为灰白色，激活菲涅尔反射，参数设置如图6-137所示。

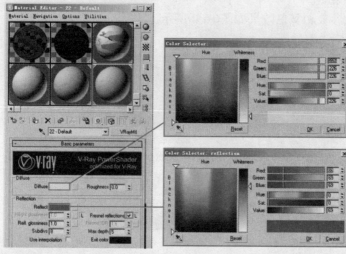

图6-137

Step 2 设置不锈钢材质。打开材质编辑器，设置材质样式为 ●VRayMtl 材质，设置Diffuse颜色为灰色，参数设置如图6-138所示。

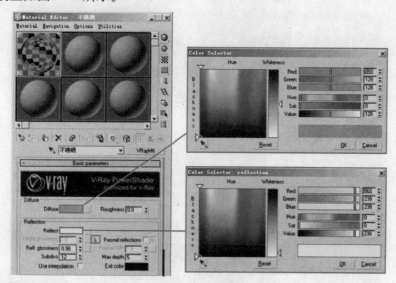

图6-138

Step 3 设置玻璃材质。打开材质编辑器，设置材质样式为 ●VRayMtl 材质，设置Diffuse颜色为灰色，设置Exit Color为浅蓝色，参数设置如图6-139所示。

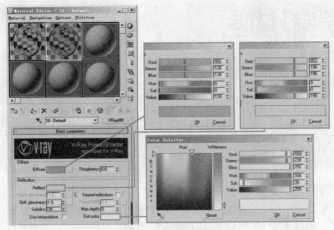

图6-139

Step 4 设置玻璃的折射参数和雾色效果如图6-140所示。

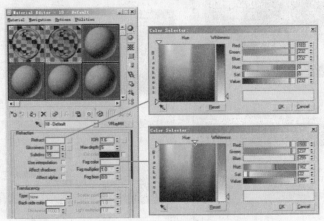

图6-140

Step 5 将所设置的材质赋予落地灯模型，渲染效果如图6-141所示。

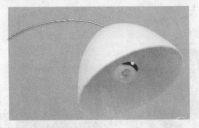

图6-141

到此，场景中的材质设置完成，最终渲染效果如图6-142所示。

图6-142

第7章 摄影机的制作

　　本章的案例建模特点是：对照参考图，准确地把握物体的结构；在边及边框级别下使用拉伸、复制对模型进行塑造；使用"✛（移动）"、"↻（旋转）"、和"▣（缩放）"等命令对结构进行调整；使用Detach（分离）、Bevel（斜角挤压）、Connect（链接）等命令简化制作过程；使用"ProBoolean"命令制作结构较复杂的物体。

　　本章的案例结构特点是：在本章中我们来制作一款摄影机模型。

　　本章的案例材质特点是：背景材质为黄褐色木质材质，主体材质为摄影机材质，包括黑色塑钢材质、不锈钢材质、皮革材质、玻璃材质、显示灯材质、字样材质、纸盒材质和纸张材质。

　　本章的案例灯光特点是：以VRayLight面光源为场景主光源。

在本例中，我们来制作一款摄影机模型，从字样可以看出，摄影机为柯达牌。再加上场景中灯光的烘托，呈现给大家的是一款绚丽又充满贵族气息的摄影机场景。

效果如图7-1所示。

图7-1

7.1 装饰物的制作

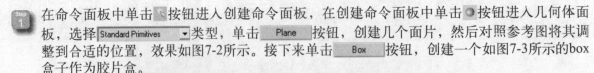

重点提示：使用基本几何物体创建模型，使用Poly工具对模型进行细节的塑造。

首先我们来制作周边的装饰物。

7.1.1 胶片盒的制作

Step 1 在命令面板中单击 按钮进入创建命令面板，在创建命令面板中单击 按钮进入几何体面板，选择 Standard Primitives ▼类型，单击 Plane 按钮，创建几个面片，然后对照参考图将其调整到合适的位置，效果如图7-2所示。接下来单击 Box 按钮，创建一个如图7-3所示的box盒子作为胶片盒。

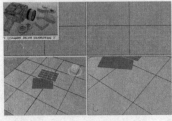
图7-2

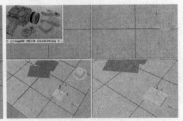
图7-3

Step 2 选中box盒子，单击 进入修改面板，在Parameters卷展栏中设置它的分段数，如图7-4所示。然后单击鼠标右键，在弹出的快捷菜单中选择 Convert to Editable Poly 命令，将模型塌陷成为可编辑的多边形。激活 按钮，选择曲线并将其调整到合适的位置，效果如图7-5所示。

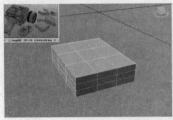
图7-4

图7-5

激活 ✎ 按钮，选择如图7-6所示的曲线，单击 Connect □ 按钮右边的小方框，在弹出的对话框中设置参数，给物体添加新的曲线，效果如图7-7所示。然后选中box盒子，进行复制。对照参考图将它们摆放到合适的位置，效果如图7-8所示。

  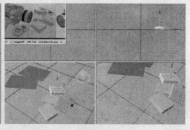

图7-6　　　　　　　　　图7-7　　　　　　　　　图7-8

 Connect □ 命令是连接曲线，此命令可以随时给物体添加曲线，并进行调整，对塑造物体很有帮助。

以上步骤的操作录像参考本书2号光盘"视频教学\第7章\1.avi"第01秒到第7分钟23秒处。

7.1.2 胶片的制作

在命令面板中单击 ↖ 按钮进入创建命令面板，在创建命令面板中单击 ◎ 按钮进入几何体面板，选择 Standard Primitives ▼ 类型，单击 Tube 按钮，创建一个如图7-9所示的空心圆柱体。选中空心圆柱体，单击鼠标右键，在弹出的快捷菜单中选择 Convert to Editable Poly 命令，将模型塌陷成为可编辑的多边形。激活 ✎ 按钮，选择如图7-10所示的曲线，将其调整到合适的位置，效果如图7-11所示。

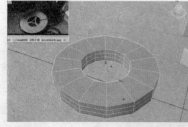 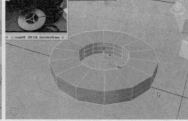 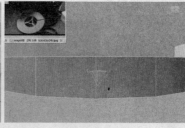

图7-9　　　　　　　　　图7-10　　　　　　　　　图7-11

同样选择如图7-12所示的曲线，将其移动到合适的位置。然后选择空心圆柱体，单击鼠标右键，在弹出的快捷菜单中选择 NURMS Toggle 选项，进行光滑处理。效果如图7-13所示。

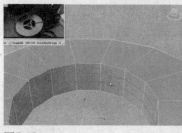 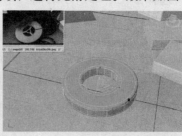

图7-12　　　　　　　　　图7-13

 NURMS Toggle 是对物体进行光滑处理的命令，使用此命令可以使直棱直角的物体变得光滑。

激活 ✎ 按钮，选择如图7-14所示的曲线，单击 Connect □ 按钮右边的小方框，在弹出的对话框中设置参数，给物体添加新的曲线，效果如图7-15所示。

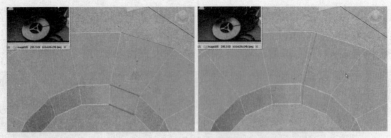

图7-14   图7-15

Step 4 激活 按钮，选择如图7-16所示的一个圈面，按【Delete】键删除。然后激活 按钮，选择缺口处的曲线，单击 Cap 按钮，进行封口处理。效果如图7-17所示。

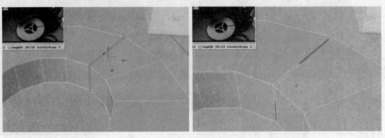

图7-16   图7-17

提 示

Cap是封盖的意思。选择边界，然后单击 Cap 按钮就可以把边界封闭，非常简便。

Step 5 激活 按钮，选择如图7-18所示的曲线，单击 Connect 按钮右边的小方框，在弹出的对话框中设置参数，给物体添加新的曲线，效果如图7-19所示。

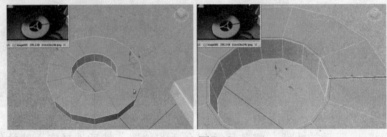

图7-18   图7-19

Step 6 激活 按钮，选择如图7-20所示的面，单击 Bevel 按钮右边的小方框，在弹出的对话框中设置参数，对所选面进行斜角解压，效果如图7-21所示。然后选择物体的底面，按【Delete】键删除。然后单击 按钮，进入修改面板 Shell 修改命令，使物体成为双面，效果如图7-22所示。最后对照参考图将其复制并摆放到合适的位置，效果如图7-23所示。

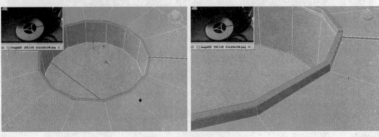

图7-20   图7-21

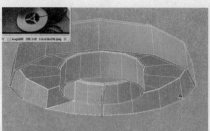

图7-22   图7-23

提　示

Bevel □ 是斜角挤压的意思。是Extrude工具和Outline工具的结合。Bevel工具对多边形面挤压以后还可以让面沿着自身的平面坐标进行放大和缩小。Shell是生成双面的修改命令，它可以使单面的物体产生厚度，使模型更真实。

以上步骤的操作录像参考本书2号光盘"视频教学\第7章\1.avi"第7分钟23秒到第18分12秒处。

Step 7 在命令面板中单击 ▼ 按钮进入创建命令面板，在创建命令面板中单击 ☉ 按钮进入二维命令面板，选择 Splines ▼ 类型，单击 Line 按钮，绘制一条如图7-24所示的线条作为胶片。然后单击 ✐ 按钮，进入修改面板。在 Rendering 卷展栏下，勾选 Enable In Renderer 复选框和 Enable In Viewport 复选框，效果如图7-25所示。然后使用同样方法制作出另一条，效果如图7-26所示。

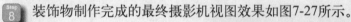

图7-24   图7-25   图7-26

Step 8 装饰物制作完成的最终摄影机视图效果如图7-27所示。

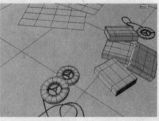

图7-27

以上步骤的操作录像参考本书2号光盘"视频教学\第7章\1.avi"第18分12秒到视频结束处。

7.2 摄影机的制作

3ds max VRay

重点提示：使用box制作出机身的基本形状，然后将它转变成可编辑多边形，给物体添加新的曲线，然后选择面使用poly工具挤压制作。

接下来我们来制作摄影机的模型。摄影机分为：机身、镜头和手把三个部分。下面我们就分成三部分来制作。

7.2.1 机身的制作

Step 1 在命令面板中单击 按钮进入创建命令面板，在创建命令面板中单击 按钮进入几何体面板，选择 Standard Primitives 类型，单击 Box 按钮，创建一个如图7-28所示的box盒子。单击鼠标右键，在弹出的快捷菜单中选择 Convert to Editable Poly 命令，将模型塌陷成为可编辑的多边形。然后激活 按钮，选择相应的点，使用缩放工具进行调整，效果如图7-29所示。

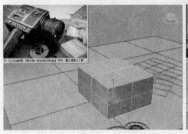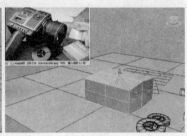

图7-28   图7-29

Step 2 激活 按钮，选择如图7-30所示的点进行调整。然后激活 按钮，选择如图7-31所示的一圈曲线。单击 Connect 按钮右边的小方框，在弹出的对话框中设置参数，给物体添加新的曲线，效果如图7-32所示。然后对照参考图继续添加曲线进行调整，光滑后的效果如图7-33所示。

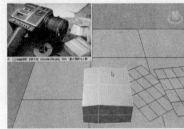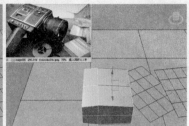

图7-30   图7-31

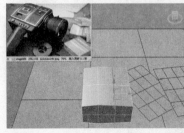

图7-32   图7-33

Step 3 激活 按钮，选择如图7-34所示的面，单击 Bevel 按钮右边的小方框，在弹出的对话框中设置参数，对所选面进行斜角挤压，效果如图7-35所示。然后激活 按钮，选择相应的曲线。单击 Connect 按钮右边的小方框，在弹出的对话框中设置参数，给物体添加新的曲线，效果如图7-36所示。

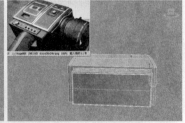

图7-34   图7-35   图7-36

以上步骤的操作录像参考本书2号光盘"视频教学\第7章\2.avi"01秒到第5分06秒处。

Step 4　在命令面板中单击 按钮进入创建命令面板，在创建命令面板中单击 按钮进入几何体面板，选择 Standard Primitives ▼类型，单击 Box 按钮，创建一个如图7-37所示的box盒子。选中盒子，单击鼠标右键，在弹出的快捷菜单中选择 Convert to Editable Poly 命令，将模型塌陷成为可编辑的多边形。激活 按钮，选择如图7-38所示的面，按【Delete】键删除。

图7-37

图7-38

Step 5　激活 按钮，选择相应的曲线。使用 Connect 工具命令，给物体添加新的曲线，效果如图7-39所示。然后激活 按钮，选择如图7-40所示的点。单击 Chamfer 按钮右边的小方框，在弹出的对话框中设置参数，对所选点进行倒角处理。效果如图7-41所示。

图7-39

图7-40

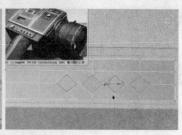
图7-41

提　示　　Chamfer 命令是切角的意思，相当于挤压时只左右鼠标将点分解的效果，使用方法和Extrude类似。

Step 6　激活 按钮，选择如图7-42所示的面，按【Delete】键删除。然后激活 按钮，选择如图7-43所示的曲线，按着【Shift】键，使用缩放工具向里收缩，生成新的面。然后使用移动工具，沿Z轴向下拉伸，效果如图7-44所示。光滑后的效果如图7-45所示。

图7-42

图7-43

图7-44

图7-45

7 Chapter ◀

1 Chapter (p1～14)

2 Chapter (p15～52)

3 Chapter (p53～98)

4 Chapter (p99～140)

5 Chapter (p141～178)

6 Chapter (p179～212)

7 Chapter (p213～240)

8 Chapter (p241～272)

激活□按钮，选择如图7-46所示的面，单击 Detach 按钮，将所选的面分离出来。然后激活
◁按钮，选择如图7-47所示的曲线，按着【Shift】键，沿Z轴向下拉伸。最终光滑后的效果
如图7-48所示。

图7-46　　　　　　　　　　图7-47　　　　　　　　　　图7-48

> Detach 命令起分离的作用，它可以作用于子物体级。选择需要分离的
> 子物体后，单击 Detach 按钮就会弹出Detach对话框，在这里可以对需要分
> 离的子物体进行设置。

以上步骤的操作录像参考本书2号光盘"视频教学\第7章\2.avi"第5分06秒到第12分27秒处。

激活◁按钮，选择如图7-49所示的曲线。单击 Connect □ 按钮右边的小方框，在弹出的对话框
中设置参数，给物体添加新的曲线，效果如图7-50所示。

图7-49　　　　　　　　图7-50

激活□按钮，选择如图7-51所示的面，单击 Bevel □ 按钮右边的小方框，在弹出的对话框
中设置参数，对所选面进行斜角挤压，效果如图7-52所示。

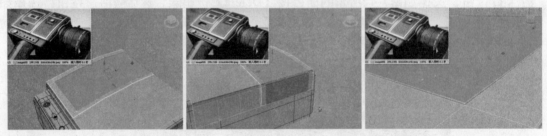

图7-51　　　　　　　　　　　　　　　　图7-52

激活◁按钮，选择如图7-53所示的曲线，单击 Connect □ 按钮右边的小方框，在弹出的对话框
中设置参数，给物体添加新的曲线。效果如图7-54所示。

图7-53　　　　　　　　图7-54

Step 11　激活 □ 按钮，选择如图7-55所示的面，单击 Bevel □ 按钮右边的小方框，在弹出的对话框中设置参数，对所选面进行斜角挤压。效果如图7-56所示。

图7-55　　　　　　　　　　　图7-56

Step 12　使用同样的方法，给物体添加新的曲线并调整。然后对照参考图，选择相应的面对其进行斜角挤压。机身最终效果如图7-57所示。

图7-57

以上步骤的操作录像参考本书2号光盘"视频教学\第7章\2.avi"第12分27秒到视频结束处。

7.2.2 镜头的制作

Step 1　在命令面板中单击 按钮进入创建命令面板，在创建命令面板中单击 按钮进入二维命令面板，选择 Splines 类型，单击 Rectangle 按钮，创建一个矩形框，然后单击 Circle 按钮，创建一个圆形线框，效果如图7-58所示。分别选择线框，单击鼠标右键，在弹出的快捷菜单中选择 Convert to Editable Spline 命令，将其转变成可编辑样条曲线。然后，选择其中一个线框，单击 Attach 按钮拾取另一个线框，将两个线框合并在一起。然后单击 进入样条线层级，选择其中一条样条线，单击 Boolean 按钮，并且使右边为 按钮，然后依次单击两条样条线，进行布尔运算，效果如图7-59所示。最后，选择线框，单击 按钮进入修改面板，添加 Extrude 修改命令，对线框进行挤压，效果如图7-60所示。

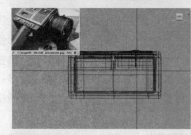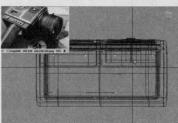

图7-58　　　　　　　　图7-59　　　　　　　　图7-60

提　示

Attach 是合并的意思，可以把其他物体合并进来，变成一个整体。单击旁边的 □ 按钮可以从列表中选择物体。 Boolean 是布尔运算，它有三种运算方式： （全集运算）、 （补集运算）、 （交集运算）。

Step 2　返回线框级别，在命令面板中单击 按钮进入创建命令面板，在创建命令面板中单击 按钮进入二维命令面板，选择 Splines 类型，单击 Circle 按钮创建一个圆形框，如图7-61所示。将圆形框和以前的线框合并在一起，然后再回到挤压级别下，效果如图7-62所示。

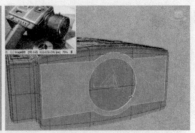

图7-61　　　　　　　　　　　　图7-62

Step 3 在命令面板中单击 按钮进入创建命令面板，在创建命令面板中单击 按钮进入几何体面板，选择 Standard Primitives 类型，单击 Cylinder 按钮，创建一个如图7-63所示的圆柱体。单击鼠标右键，在弹出的快捷菜单中选择 Convert to Editable Poly 命令，将模型塌陷成为可编辑的多边形。激活 按钮，选择7-64所示的面。单击 Bevel 按钮右边的小方框，在弹出的对话框中设置参数，对所选面进行斜角挤压，效果如图7-65所示。

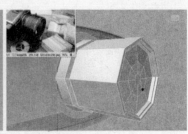

图7-63　　　　　　　　　　图7-64　　　　　　　　　　图7-65

以上步骤的操作录像参考本书2号光盘"视频教学\第7章\3.avi"第01秒到第5分46秒处。

Step 4 给物体添加两条如图7-66所示的曲线。激活 按钮，选择如图7-67所示的面。单击 Bevel 按钮右边的小方框，在弹出的对话框中设置参数，对所选面进行斜角挤压，效果如图7-68所示。

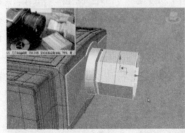

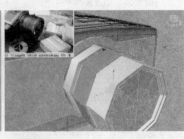

图7-66　　　　　　　　　　图7-67　　　　　　　　　　图7-68

Step 5 在命令面板中单击 按钮进入创建命令面板，在创建命令面板中单击 按钮进入几何体面板，选择 Standard Primitives 类型，单击 Cylinder 按钮，创建一个如图7-69所示的圆柱体。单击鼠标右键，在弹出的快捷菜单中选择 Convert to Editable Poly 命令，将模型塌陷成为可编辑的多边形。激活 按钮，选择7-70所示的面。单击 Bevel 按钮右边的小方框，在弹出的对话框中设置参数，对所选面进行斜角挤压，效果如图7-71所示。

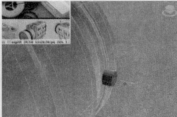

图7-69　　　　　　　　　　图7-70　　　　　　　　　　图7-71

镜头和机身的效果如图7-72所示。

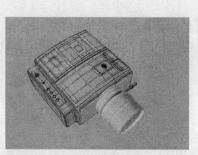

图7-72

以上步骤的操作录像参考本书2号光盘"视频教学\第7章\3.avi"第5分46秒到视频结束处。

7.2.3 手把的制作

Step 1 在命令面板中单击 按钮进入创建命令面板，在创建命令面板中单击 按钮进入几何体面板，选择 Standard Primitives ▼类型，单击 Box 按钮，创建一个如图7-73所示的box盒子。单击鼠标右键，在弹出的快捷菜单中选择 Convert to Editable Poly 命令，将模型塌陷成为可编辑的多边形。然后激活 按钮，选择点进行调整，效果如图7-74所示。

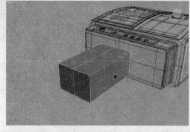 

图7-73   图7-74

Step 2 激活 按钮，选择相应的曲线，使用 Connect □工具命令给物体添加新的曲线。然后选择如图7-75所示的曲线。单击 Chamfer □按钮，在弹出的对话框中设置参数，对所选曲线进行倒角处理，效果如图7-76所示。

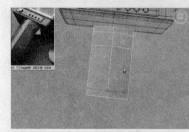 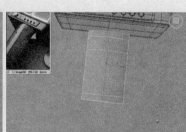 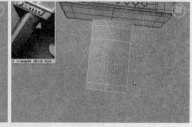

图7-75   图7-76

以上步骤的操作录像参考本书2号光盘"视频教学\第7章\4.wmv"第01秒到2分26秒处。

Step 3 激活 按钮，选择如图7-77所示的曲线，单击 Connect □按钮右边的小方框，在弹出的对话框中设置参数，给物体添加新的曲线，效果如图7-78所示。

 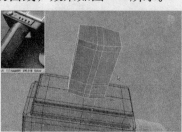 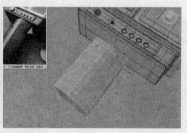

图7-77   图7-78

Step 4 激活 按钮，选择如图7-79所示的面，单击 Bevel □按钮右边的小方框，在弹出的对话框中设置参数，对所选面进行斜角挤压，效果如图7-80所示。

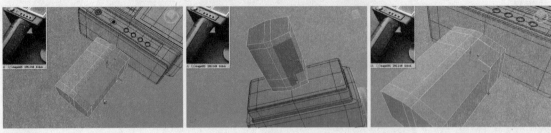

图7-79   图7-80

Step 5 同样，选择如图7-81所示的面，单击 Bevel □ 按钮右边的小方框，在弹出的对话框中设置参数，对所选面进行斜角挤压，效果如图7-82所示。

图7-81   图7-82

Step 6 激活 ◢ 按钮，选择如图7-83所示的曲线，单击 Connect □ 按钮右边的小方框，在弹出的对话框中设置参数，给物体添加新的曲线，效果如图7-84所示。用同样的方法，再添加一条曲线并移动到如图7-85所示的位置。光滑后的效果如图7-86所示。

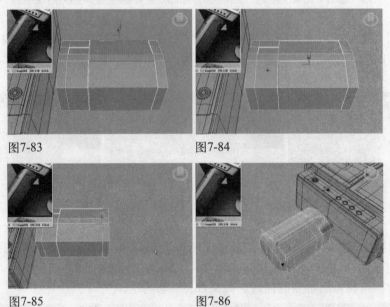

图7-83   图7-84

图7-85   图7-86

Step 7 激活 □ 按钮，选择如图7-87所示的面，单击 Bevel □ 按钮右边的小方框，在弹出的对话框中设置参数，对所选面进行斜角挤压。然后激活 ◢ 按钮，选择相应的曲线，使用 Connect □ 工具命令给物体添加新的曲线，效果如图7-88所示。然后选择如图7-89所示的面，单击 Bevel □ 按钮右边的小方框，在弹出的对话框中设置参数，对所选面进行斜角挤压，效果如图7-90所示。

图7-87 　　　　　　　　　图7-88

图7-89 　　　　　　　　　图7-90

　　以上步骤的操作录像参考本书2号光盘"视频教学\第7章\4.wmv"第2分26秒到第8分18秒处文件。

Step 8 　在命令面板中单击 按钮进入创建命令面板，在创建命令面板中单击 按钮进入几何体面板，选择 Standard Primitives 类型，单击 Box 按钮，创建一个如图7-91所示的box盒子。单击鼠标右键，在弹出的快捷菜单中选择 Convert to Editable Poly 选项，将模型塌陷成为可编辑的多边形，然后对其进行调整，效果如图7-92所示。

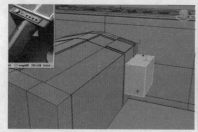

图7-91 　　　　　　　　　图7-92

　　以上步骤的操作录像参考本书2号光盘"视频教学\第7章\4.wmv"第8分18秒到第10分06秒处。

Step 9 　激活 按钮，选择如图7-93所示的面，单击 Bevel 按钮右边的小方框，在弹出的对话框中设置参数，对所选面进行斜角挤压，效果如图7-94所示。

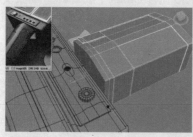

图7-93 　　　　　　　　　图7-94

Step 10 　激活 按钮，选择如图7-95所示的面，单击 Bevel 按钮右边的小方框，在弹出的对话框中设置参数，对所选面进行斜角挤压，效果如图7-96所示。

图7-95   图7-96

以上步骤的操作录像参考本书2号光盘"视频教学\第7章\4.wmv"第10分06秒到视频结束处。

Step 11 模型制作完成后的最终效果如图7-97所示。

图7-97

模型制作我们已经完成了，具体的操作过程请参考本书配套光盘。通过本章建模的学习，我们要学会掌握模型的比例，学会使用poly工具来塑造模型。对于初学CG的读者来说，要多多练习，掌握工具命令的用法，从而达到熟练的程度。

7.3 灯光的设置

重点提示：本例通过制作一个摄影机场景来体验VRay强大的渲染功能。

首先设置场景中的灯光。

Step 1 打开本书2号配套光盘"视频教学\第7章"目录下的"max完成.max"场景文件，这是本例制作的模型，如图7-98所示。

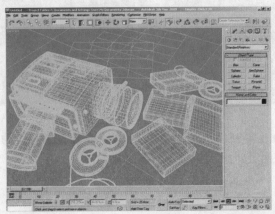

图7-98

首先来设置场景光源面光源。在 ⬚建立命令面板中单击 **VRayLight** 按钮，在场景中建立三盏面光源，具体位置如图7-99所示。

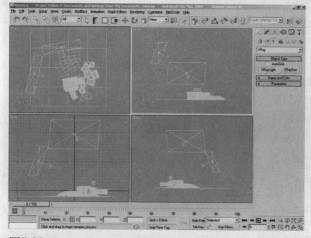

图7-99

在修改命令面板中设置面光源参数如图7-100~图7-102所示。

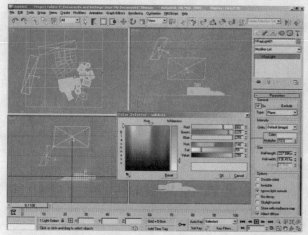

图7-100

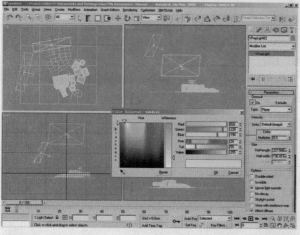

图7-101

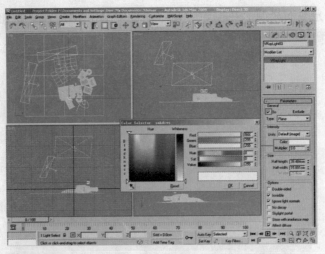

图7-102

7.4 渲染设置

重点提示：在VRay渲染菜单中设置渲染参数。

下面我们来进行渲染设置。

Step 1 按【F10】键打开渲染对话框，设置当前渲染器为VRay，如图7-103所示。

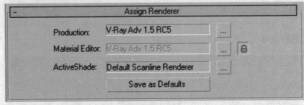

图7-103

Step 2 下面我们来设置场景的照明贴图。打开 `V-Ray:: Image sampler (Antialiasing)` 卷展栏，设置抗锯齿参数如图7-104所示。

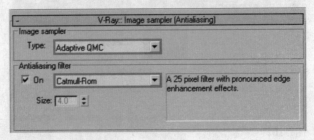

图7-104

Step 3 在 `V-Ray:: Indirect illumination (GI)` 卷展栏中设置参数如图7-105所示。这是间接照明参数。

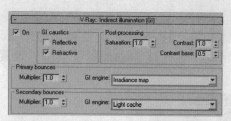

图7-105

Step 4 在 V-Ray:: Irradiance map 卷展栏中设置参数如图7-106所示。

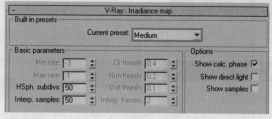

图7-106

Step 5 在 V-Ray:: Light cache 卷展栏中设置参数如图7-107所示。这是灯光贴图设置。

图7-107

Step 6 在 V-Ray:: rQMC Sampler 卷展栏中设置参数如图7-108所示。这是准蒙特卡罗采样设置。

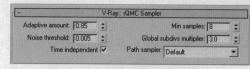

图7-108

Step 7 在 V-Ray:: Environment 卷展栏中激活 GI Environment (skylight) override 区域的 On 复选框，设置天光色为蓝色，同时激活 Reflection/refraction environment override 区域的 On 复选框，在通道中添加一个Mix贴图，具体参数设置如图7-109所示（HDR贴图见本书2号配套光盘maps目录下的"Desk_Lrg.hdr"文件）。

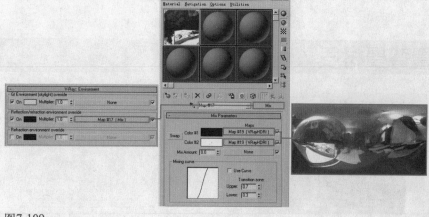

图7-109

下面我们来测试灯光效果。

Step 8 按【M】键打开材质编辑器，选择一个空白样本球，单击 Standard 按钮，在弹出的 Material/Map Browser 对话框中选择 VRayMtl 材质类型。设置Diffuse的颜色为灰色，如图 7-110所示。

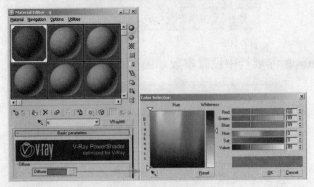

图7-110

Step 9 按【F10】键打开渲染对话框，在 V-Ray:: Global switches 卷展栏中激活 Override mtl 复选框，然后将 刚才在材质编辑器中的这个材质拖动到 Override mtl 复选框旁边的贴图按钮上，如图7-111所示。

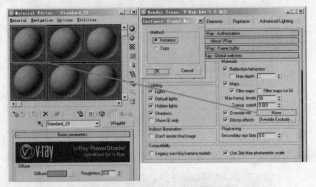

图7-111

此时的渲染效果如图7-112所示。测试完成后将 Override mtl 复选框关闭。

图7-112

7.5 设置背景材质

重点提示：使用VRayMtl材质类型设置背景的材质。

Step 1 打开材质编辑器，选择一个空白的材质球，设置材质样式为 ● VRayMtl 专用材质，设置Diffuse 贴图为本书2号配套光盘maps目录下的 "archinteriors_11_08_wood_81_diffuse.jpg" 文件，参数设置如图7-113所示。

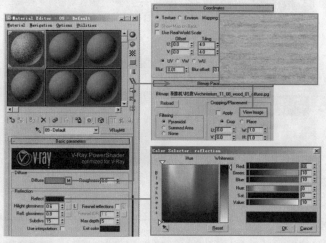

图7-113

Step 2 打开Maps卷展栏，设置Bump贴图为本书2号配套光盘maps目录下的 "archinteriors_11_08_wood_81_diffuse.jpg" 文件，设置贴图强度为15，具体参数设置如图7-114所示。

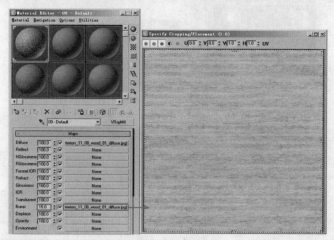

图7-114

7.6 设置摄影机材质

重点提示：使用VRayMtl材质类型设置摄影机的材质。摄影机材质包括黑色硬塑料材质、不锈钢金属材质、皮革材质、镜头玻璃材质、显示灯的材质、光圈的材质等。

7.6.1 设置黑色硬塑料材质

打开材质编辑器，选择一个空白的材质球，设置材质样式为 ● VRayMtl 专用材质，设置Diffuse

颜色为黑色，参数设置如图7-115所示。

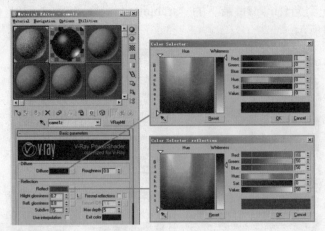

图7-115

7.6.2 设置不锈钢材质

　　打开材质编辑器，选择一个空白的材质球，设置材质样式为 VRayMtl 专用材质，设置Diffuse颜色为灰色，参数设置如图7-116所示。

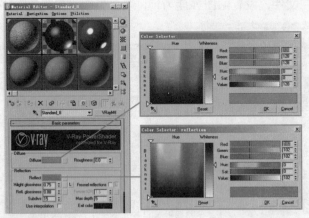

图7-116

7.6.3 设置皮革材质

　　Step 1 打开材质编辑器，选择一个空白的材质球，设置材质样式为 VRayMtl 专用材质，设置Diffuse颜色为黑色，参数设置如图7-117所示。

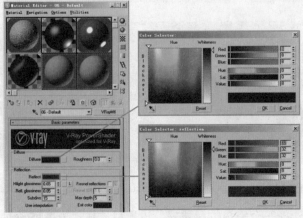

图7-117

Step 2 打开Maps卷展栏，设置Bump贴图为本书2号配套光盘maps目录下的"leather_bump.jpg"文件，设置贴图强度为35，具体参数设置如图7-118所示。

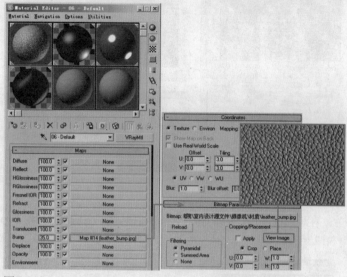

图7-118

Step 3 打开BRDF卷展栏，具体参数设置如图7-119所示。

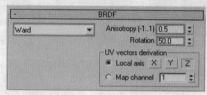

图7-119

7.6.4 设置显示灯材质

Step 1 打开材质编辑器，选择一个空白的材质球，设置材质样式为 VRayMtl 专用材质，设置Diffuse颜色为绿色，参数设置如图7-120所示。

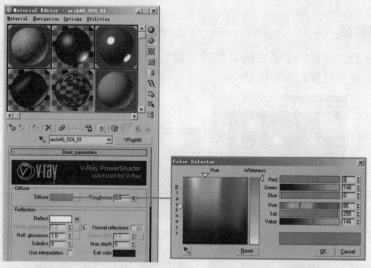

图7-120

Step 2 设置折射参数和雾色效果如图7-121所示。

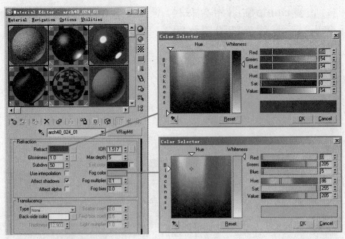

图7-121

Step 3 打开Maps卷展栏，在Reflect通道中添加一个Falloff贴图，设置Falloff Type为Fresnel方式，具体参数设置如图7-122所示。

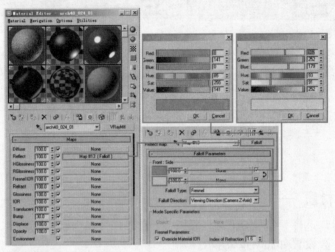

图7-122

7.6.5 设置玻璃材质

Step 1 打开材质编辑器，选择一个空白的材质球，设置材质样式为 VRayMtl 专用材质，设置Diffuse颜色为黑色，参数设置如图7-123所示。

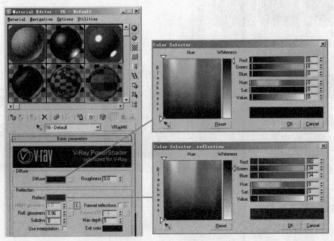

图7-123

设置折射参数和雾色效果如图7-124所示。

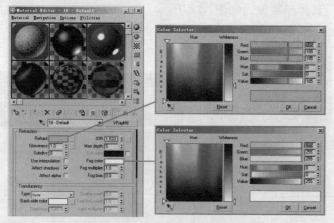

图7-124

7.6.6 设置镜头材质和微调材质

先来设置镜头材质。打开材质编辑器，选择一个空白的材质球，设置材质样式为 VRayMtl 专用材质，设置Diffuse贴图为本书2号配套光盘maps目录下的"cam11.jpg"文件，具体参数设置如图7-125所示。

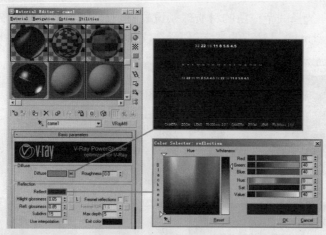

图7-125

设置微调材质。打开材质编辑器，选择一个空白的材质球，设置材质样式为 VRayMtl 专用材质，设置Diffuse颜色为黑色，参数设置如图7-126所示。

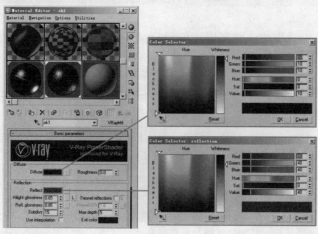

图7-126

Step 3 打开Maps卷展栏，设置Bump贴图为本书2号配套光盘maps目录下的"ok1.jpg"文件，设置贴图强度为150，具体参数设置如图7-127所示。

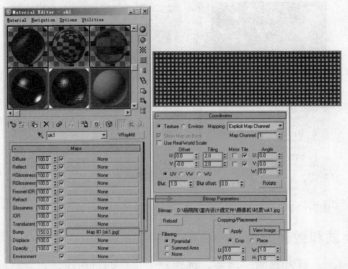

图7-127

7.6.7 设置字样材质

打开材质编辑器，选择一个空白的材质球，设置材质样式为 VRayMtl 专用材质，设置Diffuse贴图为本书2号配套光盘maps目录下的"字母.jpg"文件，参数设置如图7-128所示。

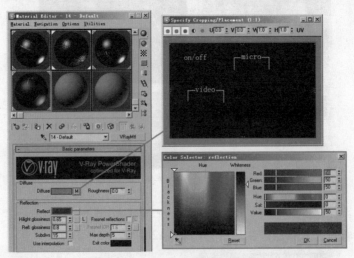

图7-128

到此，摄影机材质设置完成，将所设置的材质赋予摄影机模型，渲染效果如图7-129所示。

图7-129

7.7 设置纸盒材质

重点提示：使用VRayMtl材质类型设置纸盒的材质。

Step 1 打开材质编辑器，选择一个空白的材质球，设置材质样式为 ● VRayMtl 专用材质，在Diffuse通道中添加一个Falloff贴图，设置Falloff贴图为本书2号配套光盘maps目录下的"胶卷1.jpg"文件，具体参数设置如图7-130所示。

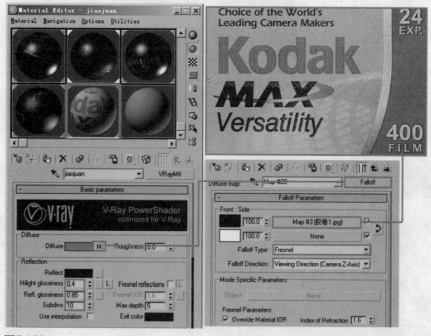

图7-130

Step 2 打开Maps卷展栏，设置Bump贴图为本书2号配套光盘maps目录下的"胶卷1.jpg"文件，设置贴图强度为10，具体参数设置如图7-131所示。

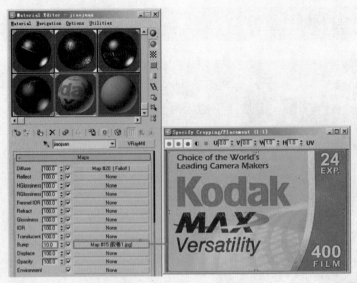

图7-131

将所设置的材质赋予纸盒模型，渲染效果如图7-132所示。

图7-132

7.8 设置纸张材质

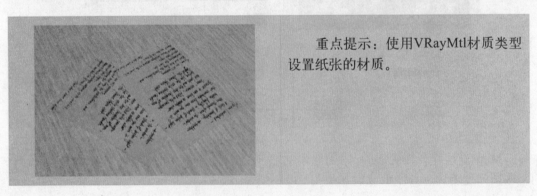

重点提示：使用VRayMtl材质类型设置纸张的材质。

打开材质编辑器，选择一个空白的材质球，设置材质样式为 VRayMtl专用材质，设置Diffuse贴图为本书2号配套光盘maps目录下的"postit.jpg"文件，参数设置如图7-133所示。

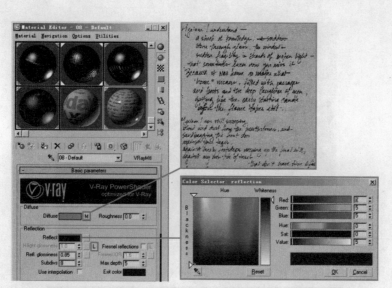

图7-133

Step 2 打开Maps卷展栏，设置Bump贴图为本书2号配套光盘maps目录下的"postit.jpg"文件，设置贴图强度为10，具体参数设置如图7-134所示。

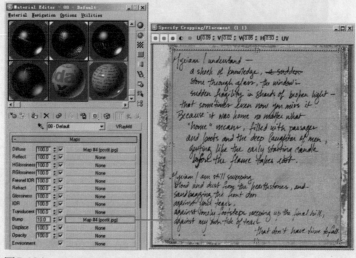

图7-134

Step 3 将所设置的材质赋予纸张模型，渲染效果如图7-135所示。

图7-135

现在，场景材质设置完成，最终渲染效果如图7-136所示。

图7-136

在Photoshop中加深颜色后的效果如图7-137所示。

图7-137

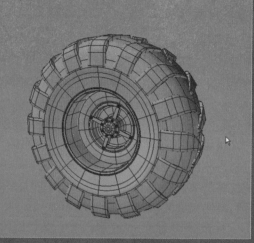

第8章 戈壁战车制作

本案例的建模特点是：使用多种基本几何体创建模型；熟练使用editable poly工具，掌握各种命令，学习使用Array（排列）工具；学习Link Constraint（路径约束）和Snapshot（快照）命令。

本章的案例结构特点是：本例我们来制作一辆戈壁滩上的战车场景。在戈壁滩上，有些许植物和石头，可以看出，是一片很荒凉的戈壁滩。

本章的案例材质特点是：材质包括生锈金属材质、橡胶材质、塑料材质、不锈钢材质、玻璃材质、石头材质、沙土材质和植物材质等。

本章的案例灯光特点是：以Target Spot灯光为场景主光源，用来模拟天光；使用VRayLight面光源作为辅助光源，形成混合照明室外效果。

本例我们来制作一辆戈壁滩上的战车场景。场景背景为蓝天白云，地面为沙土地，上面有些许石头和植物。战车的材质以生锈材质为主，矗立在空旷的戈壁滩上，显得格外耀眼且不失威武之气。

戈壁战车模型如图8-1所示。我们使用拼接建模的思路。事实上，拼接是相当实用的建模思路。很多机械类物体看起来很复杂，但是我们把它拆开来看的话，不过是由一些简单的物体组成的罢了。我们分别制作它们，然后组装起来就行，不同的是组成的物体多少而已。

这种思路可以总结成化整为零，就是把复杂的问题简单化。说到底，再复杂的物体也是由基本的元素构成的。本章我们制作完成的模型如图8-2所示。

图8-1

图8-2

8.1 车轮制作

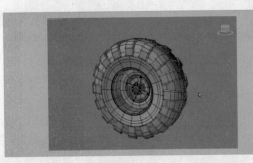

重点提示：本章我们要掌握Chamfer（切角）、Remove（移除）、Bevel（倒角）、Extrude（挤压）等命令的使用。

Step 1　在命令面板中单击 按钮进入创建命令面板，在创建命令面板中单击 按钮进入几何体面板，选择 Standard Primitives 类型，单击 Tube 按钮，在Front正视图中创建一个管状体模型，单击 进入修改面板，在Parameters卷展栏中设置参数，如图8-3所示。

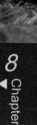

8 Chapter

1 Chapter (p1~14)

2 Chapter (p15~52)

3 Chapter (p53~98)

4 Chapter (p99~140)

5 Chapter (p141~178)

6 Chapter (p179~212)

7 Chapter (p213~240)

8 Chapter (p241~272)

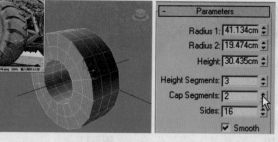

图8-3

Step 2 单击鼠标右键，在弹出的快捷菜单中选择 `Convert to Editable Poly` 命令，将模型塌陷成为可编辑的多边形。单击 ◁ 进入边物体层级，选择图8-4中所示的曲线，按【R】键，或者在工具栏中单击 ▣ 按钮，将曲线沿着Y轴向外缩放，如图8-5所示。

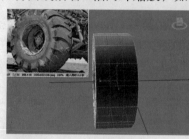

图8-4　　　　　　　　　　　　图8-5

Step 3 选择图8-6中所示的曲线，单击 `Ring` 按钮，选择和曲线同一环的所有曲线，如图8-7所示。单击 `Connect` 按钮，添加一条曲线，如图8-8所示。然后用缩放工具将曲线向外缩放，如图8-9所示。

图8-6　　　　　　　　　　　　图8-7

图8-8　　　　　　　　　　　　图8-9

提　示

　　　当选择了一段边线后，单击 `Ring` 按钮可以选择同所选边线平行的边线，单击 `Loop` 按钮可以选择同所选边线纵向相连的边线。

Step 4 选择图8-10中所示的曲线，单击 `Chamfer` 按钮右边的 ▣ 按钮，在弹出的对话框中设置倒角参数，单击【OK】按钮，倒角完成，如图8-11所示。

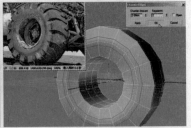

图8-10   图8-11

提 示　　　　　Chamfer（切角）：边线使用Chamfer，使用后会使边线分成两条边线。

以上步骤的操作录像参考本书2号光盘"视频教学\第8章\1.avi"文件开始到第2分钟40秒处。

Step 5 单击□进入面物体层级，选择图8-12中所示的面，单击 Detach 按钮，在弹出的对话框中设置分离参数，如图8-13所示，单击【OK】按钮，将选择的面分离出来。

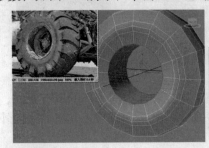
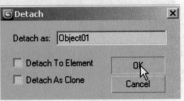

图8-12   图8-13

提 示　　　　　Detach（分离）：有了合并自然就有分离了。Detach可以作用于所有子物体级。选择需要分离的子物体后，单击 Detach 按钮就会弹出Detach对话框，在这里可以对要分离的子物体进行设置。

Step 6 选择图8-14中所示的曲线，单击 Remove 按钮，将选择的曲线移除；然后单击·进入点物体层级，选择删除曲线后留下的节点，单击 Remove 按钮，将节点移除，如图8-15所示。

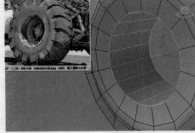
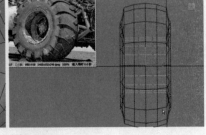

图8-14   图8-15

提 示　　　　　Remove（移除）：这个功能不同于使用【Delete】键进行的删除，它可以在移除顶点的同时保留顶点所在的面。

Step 7 选择分离出来的模型，用缩放工具等比例向里面缩放，如图8-16所示。单击◎进入边界物体层级，选择图8-17中所示的边缘曲线，按住【Shift】键，将模型复制到如图8-18所示的位置。

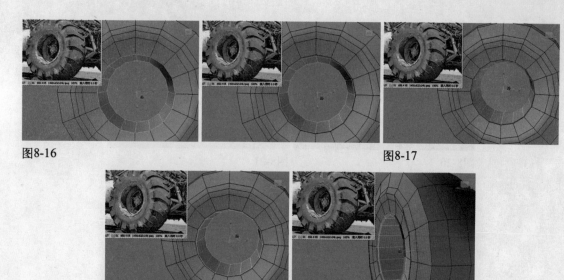

图8-16   图8-17

图8-18

以上步骤的操作录像参考本书2号光盘"视频教学\第8章\01.avi"文件第2分钟40秒到第5分钟40秒处。

Step 8 在命令面板中单击 按钮进入创建命令面板，在创建命令面板中单击 按钮进入几何体面板，选择 Standard Primitives 类型，单击 Cylinder 按钮，在Front正视图中创建一个圆柱体模型，单击 进入修改面板，在Parameters卷展栏中设置参数，如图8-19所示。

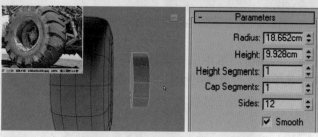

图8-19

Step 9 单击鼠标右键，在弹出的快捷菜单中选择 Convert to Editable Poly 命令，将模型塌陷成为可编辑的多边形。单击鼠标右键，在弹出的快捷菜单中选择 Hide Unselected 命令，将选择的模型以外的模型隐藏。

单击 进入面物体层级，选图8-20中所示的面，单击 Bevel 按钮右边的 按钮，在弹出的对话框中设置斜角挤压参数，如果要进行连续挤压，那么设置好参数后单击 Apply 按钮，如图8-21所示。在挤压的基础上再次进行挤压，一直到挤压设置完成，最后单击 OK 按钮。模型挤压过程如图8-22所示。

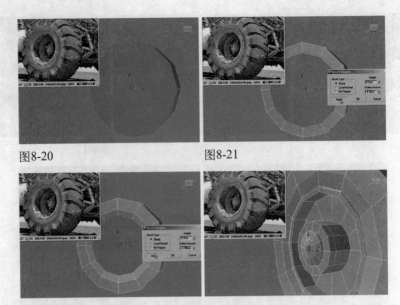

图8-20　　　　　　　　　　　　　图8-21

图8-22

 提　示　　　　Bevel（倒角）：是Extrude工具和Outline工具的结合。Bevel工具对多边形面挤压以后还可以让面沿着自身的平面坐标进行放大和缩小。

Step 10 选择模型四周的曲线，如图8-23所示，单击 Chamfer 按钮右边的 □ 按钮，在弹出的对话框中设置倒角参数，单击【OK】按钮，倒角完成，如图8-24所示。

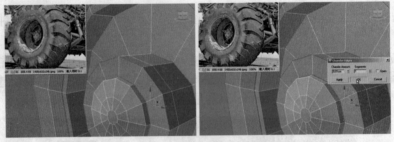

图8-23　　　　　　　　　　　　　图8-24

Step 11 单击鼠标右键，在弹出的快捷菜单中选择 Unhide All 命令，将隐藏的模型显示出来。单击鼠标右键，在弹出的快捷菜单中选择 NURMS Toggle 命令，将模型平滑显示，如图8-25所示。

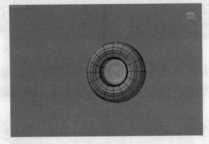

图8-25

以上步骤的操作录像参考本书2号光盘"视频教学\第8章\1.avi"文件第5分钟40秒到视频结束处。

Step 12 在命令面板中单击 按钮进入创建命令面板，在创建命令面板中单击 按钮进入几何体面板，选择 Standard Primitives 类型，单击 Box 按钮，在Front正视图中创建一个长方体模型，单击 进入修改面板，在Parameters卷展栏中设置参数，如图8-26所示。单击鼠标右键，在弹出的快捷菜单中选择 Convert to Editable Poly 选项，将模型塌陷成为可编辑的多边形。进入点物体层级，调整模型的形状到如图8-27所示。

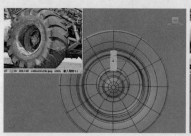

图8-26　　　　　　　　　图8-27

Step 13 在命令面板中单击 按钮进入创建命令面板，在创建命令面板中单击 按钮，选择 Extended Primitives 类型，单击 OilTank 按钮，在Front正视图中创建一个油罐体模型，单击 进入修改面板，在Parameters卷展栏中设置参数，如图8-28所示。

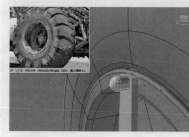

图8-28

Step 14 将模型转化为Poly模型。选择图8-29中所示的节点，按【Delete】键删除，如图8-30所示。选择删除模型后的边缘曲线，按住【Shift】键复制出如图8-31所示的形状。

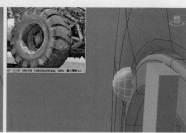

图8-29　　　　　　　　　图8-30

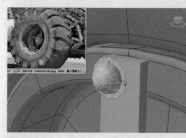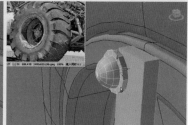

图8-31

Step 15 在图8-32中所示的位置创建一个胶囊体模型。首先选择该模型，退出子物体层级，单击View视图右边的 按钮，在弹出的下拉菜单中选择Pick，单击轮圈模型，然后按住 ，在弹出的下拉菜单中选择 。单击工具栏中的 按钮，使用旋转工具时，以5度的倍数旋转角度。按住【Shift】键的同时，用旋转工具顺时针旋转45度，在弹出的对话框中设置复制的参数，复制数量为7，如图8-33所示。用相同的方法制作模型成为如图8-34所示的形状。

图8-32　　　　　　　　图8-33　　　　　　　　图8-34

以上步骤的操作录像参考本书2号光盘"视频教学\第8章\2.avi"文件开始到第3分钟处。

Step 16　在命令面板中单击 按钮进入创建命令面板，在创建命令面板中单击 按钮进入几何体面板，选择 Standard Primitives 类型，单击 Box 按钮，在Top视图中创建一个长方体模型，单击 进入修改面板，在Parameters卷展栏中设置参数，如图8-35所示。

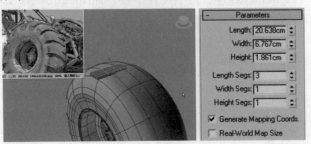

图8-35

Step 17　将模型转化成为Poly模型。调整模型的形状，然后选择图8-36中所示的面，单击 Extrude 按钮右边的 按钮，在弹出的对话框中设置挤压参数，设置完成单击【OK】按钮，挤压完成，如图8-37所示。然后将模型调整到如图8-38所示的形状。

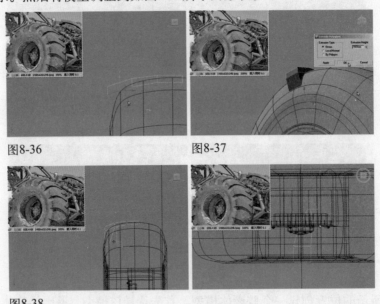

图8-36　　　　　　　　　　　　图8-37

图8-38

提　示　　　Extrude（挤压）有3种挤压的模式，单击【Extrude】按钮旁边的 按钮就可以看到Extrude的高级设置对话框。

Step 18　在菜单栏中单击 Tools 选项，在弹出的下拉选项框中选择 Array... ，在弹出的Array（排列）对话框中设置参数，单击【Preview】按钮，将设置的参数效果显示在模型上，然后单击【OK】按钮，设置完成，如图8-39所示。模型沿着车轮排列，如图8-40所示。

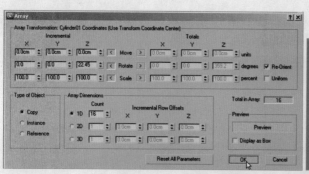

图8-39 图8-40

Step 19 单击 Attach 按钮，然后依次单击复制出来的模型，将模型合并。在工具栏单击 按钮，在弹出的对话框中设置镜像参数，选择Copy复制参数，单击按钮 OK ，在Y轴复制模型，如图8-41所示。

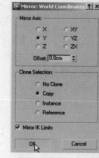 

图8-41

Step 20 将模型整体合并，制作完成的车轮模型如图8-42所示。

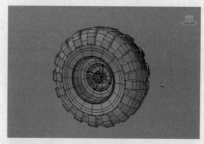

图8-42

 Attach（合并）：可以把其他的物体合并进来。单击旁边的 按钮可以在列表中选择合并物体。

提 示

以上步骤的操作录像参考本书2号光盘"视频教学\第8章\2.avi"文件第3分钟到视频结束处。

8.2 车底制作

3ds max VRay

重点提示：熟练掌握Editable Poly工具的使用。使用镜像和复制工具简化模型的制作过程。

8 Chapter ▶

1
Chapter
（p1～14）

2
Chapter
（p15～52）

3
Chapter
（p53～98）

4
Chapter
（p99～140）

5
Chapter
（p141～178）

6
Chapter
（p179～212）

7
Chapter
（p213～240）

8
Chapter
（p241～272）

Step 1 在工具栏单击 按钮，在弹出的对话框中设置镜像参数，选择Copy复制参数，单击按钮 OK ，沿着Y轴复制模型，如图8-43所示。

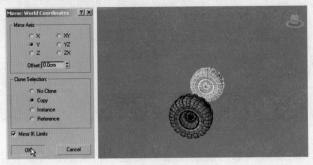

图8-43

Step 2 在命令面板中单击 按钮进入创建命令面板，在创建命令面板中单击 按钮进入几何体面板，选择 Standard Primitives ▼ 类型，单击 Cylinder 按钮，在Front正视图中，在车轮的中间创建一个圆柱体模型，单击 进入修改面板，在Parameters卷展栏中设置参数，如图8-44所示。

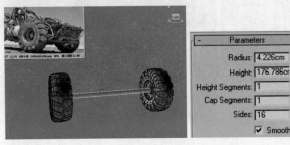

图8-44

Step 3 选择车轮模型，单击 Attach 按钮，依次单击圆柱形和另一车轮模型，将三个模型合并。然后按住【Shift】键移动，在弹出的对话框中设置复制参数，将复制数量选择为1，单击【OK】按钮，复制一个模型，如图8-45所示。

图8-45

Step 4 创建基本及个体模型，将模型制作成如图8-46所示的形状。然后分别复制到每个车轮的位置，如图8-47所示。

图8-46   图8-47

以上步骤的操作录像参考本书2号光盘"视频教学\第8章\3.avi"文件开始到第7分钟处。

Step 5 在命令面板中单击 ▶ 按钮进入创建命令面板，在创建命令面板中单击 ◎ 按钮进入几何体面板，选择 `Standard Primitives` ▼ 类型，单击 `Tube` 按钮，在LEFT左视图中创建一个管状模型，如图8-48所示。然后将模型沿着Z轴缩放，如图8-49所示。单击 ✎ 进入修改面板，在Parameters卷展栏中设置参数，如图8-50所示。

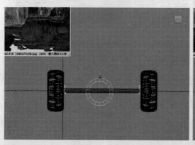
图8-48

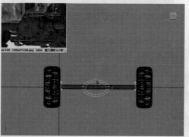
图8-49

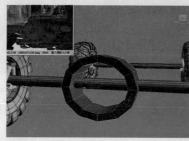

图8-50

Step 6 选择图8-51中所示的面，按【Delete】键删除。然后单击 ◎ 进入边界物体层级，选择图8-52中所示的边缘曲线，按住【Shift】键，复制边界，将模型制作到如图8-53所示的形状。然后单击 `Cap` 按钮，为曲线上创建一个面，如图8-54所示。

图8-51

图8-52

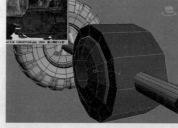
图8-53

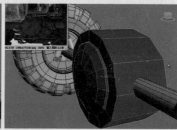
图8-54

提 示 　　Cap（封盖）：选择边界，然后单击 `Cap` 按钮就可以把边界封闭，非常简便。

Step 7 为模型复制一个半球体，如图8-55所示。单击鼠标右键，在弹出的快捷菜单中选择 `NURMS Toggle` 命令，将模型平滑显示，如图8-56所示。

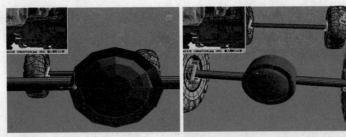

图8-55   图8-56

以上步骤的操作录像参考本书2号光盘"视频教学\第8章\3.avi"文件第7分钟到13分钟处。

Step 8 继续将模型制作成如图8-57所示的形状。制作完成的车底模型如图8-58所示。

图8-57   图8-58

以上步骤的操作录像参考本书2号光盘"视频教学\第8章\3.avi"文件第13分钟到视频结束处。

8.3 车身制作

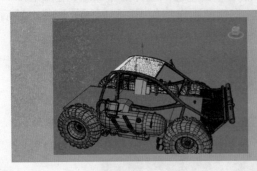

重点提示：使用Line曲线创建模型。学习Link Constraint（路径约束）和Snapshot（快照）命令。

Step 1 用基本几何体创建出车底的模型。在命令面板中单击 按钮进入创建命令面板，在创建命令面板中单击 按钮进入二维命令面板，选择 Splines 类型中，单击 Line 按钮，在Front正视图绘制出如图8-59所示的形状。然后单击 进入修改面板，在点物体层级中，调整曲线的形状为如图8-60所示。

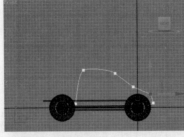

图8-59   图8-60

Step 2 在Rendering卷展栏中设置参数，将模型实体显示，如图8-61所示。用同样的方法，将模型制作成如图8-62所示。创建基本几何体，将模型制作成如图8-63所示的形状。

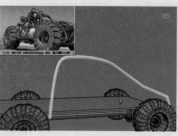

图8-61   图8-62

以上步骤的操作录像参考本书2号光盘"视频教学\第8章\4.avi"文件。

图8-63

以上步骤的操作录像参考本书2号光盘"视频教学\第8章\5.avi"。

Step 3 下面我们来制作铁链子的模型。用Line曲线绘制出如图8-64所示的曲线。然后创建出如图8-65所示的形状模型。

图8-64   图8-65

Step 4 选择模型，按住【Shift】键移动，在弹出的对话框中设置复制参数，将复制数量选择为1，设置完成后单击【OK】按钮，如图8-66所示。然后将复制的模型调整到如图8-67所示的位置。选择一个模型，单击鼠标右键，在弹出的快捷菜单中选择 Convert to Editable Poly 命令，将模型塌陷成为可编辑的多边形。单击 Attach 按钮，然后单击两个模型，将两个模型合并。

图8-66   图8-67

Step 5 选择合并的两个模型，在菜单栏中单击 Animation 选项，在弹出的下拉选项框中选择 Constraints 选项中的 Link Constraint 选项，然后单击Line曲线，将模型与曲线路径约束。然后单击菜单栏中的 Tools 选项，在弹出的下拉选项框中选择 Snapshot... 选项；在弹出的Snapshot对话框中设置快照参数，设置完成单击【OK】按钮，模型沿着Line曲线排列复制，如图8-68所示。制作完成的模型效果如图8-69所示。

8 Chapter

1 Chapter (p1～14)

2 Chapter (p15～52)

3 Chapter (p53～98)

4 Chapter (p99～140)

5 Chapter (p141～178)

6 Chapter (p179～212)

7 Chapter (p213～240)

8 Chapter (p241～272)

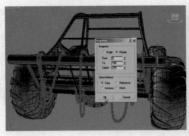
图8-68

图8-69

以上步骤的操作录像参考本书2号光盘"视频教学\第8章\6.avi"文件。

Step 6 下面我们制作车上网。首先我们进入边物体层级，选择模型上的所有曲线，如图8-70所示，单击两次 Tessellate 按钮，将曲线细分，如图8-71所示。

图8-70

图8-71

Step 7 单击修改命令列表右边的 ▼ 按钮，在弹出的下拉菜单中选择Lattice命令，然后在Parameters卷展栏中设置参数，如图8-72所示，设置完成后模型效果如图8-73所示。

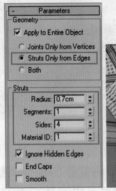
图8-72

图8-73

以上步骤的操作录像参考本书2号光盘"视频教学\第8章\7.avi"文件开始到第1分钟35秒处。

Step 8 选择侧车顶上的模型，单击鼠标右键，在弹出的快捷菜单中选择 Convert to Editable Patch 命令，将曲线塌陷成为可编辑的面片，模型将产生三角面，如图8-74所示。然后再次单击鼠标右键，在弹出的快捷菜单中选择 Convert to Editable Poly 命令，将模型塌陷成为可编辑的多边形。进入边物体层级，选择模型上的所有曲线，单击 Create Shape From Selection 按钮，在弹出的Create Shape对话框中设置参数，单击【OK】按钮，如图8-75所示。设置完成的模型效果如图8-76所示。然后选择模型，按【Delete】键删除，如图8-77所示。

图8-74

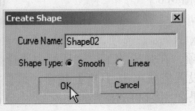
图8-75

8
Chapter

1
Chapter
(p1～14)

2
Chapter
(p15～52)

3
Chapter
(p53～98)

4
Chapter
(p99～140)

5
Chapter
(p141～178)

6
Chapter
(p179～212)

7
Chapter
(p213～240)

8
Chapter
(p241～272)

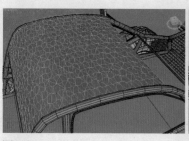 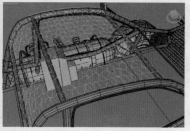

图8-76 图8-77

Step 9 选择曲线模型，在Rendering卷展栏中设置参数，将模型实体显示，如图8-78所示。

图8-78

以上步骤的操作录像参考本书2号光盘"视频教学\第8章\7.avi"文件第1分钟35秒到视频结束处。

8.4 大炮和其他零件制作

3ds max VRay

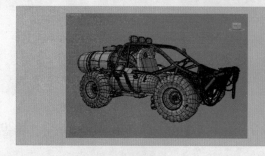

重点提示：巩固各种命令的使用方法。

Step 1 在命令面板中单击 按钮进入创建命令面板，在创建命令面板中单击 按钮进入二维命令面板，选择 Splines 类型，单击 Rectangle 按钮，创建一个长方形曲线，如图8-79所示。在Parameters卷展栏中设置参数，将长方形的四个顶角变成内圆，如图8-80所示。

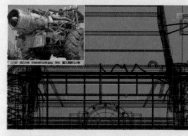 

图8-79 图8-80

Step 2 单击 进入样条线层级，选择图中所示的样条线，按【Delete】键删除。然后进入点层级，调整曲线的形状到如图8-81所示。进入样条线层级，选择曲线，单击 Outline 按钮，在曲线上移动鼠标，为曲线创建边框，如图8-82所示。

图8-81   图8-82

Step 3 单击修改命令列表右边的 ▼ 按钮,在弹出的下拉命令列表中选择Extrude命令,将模型挤压到如图8-83所示的形状。

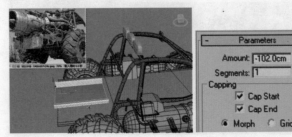

图8-83

以上步骤的操作录像参考本书2号光盘"视频教学\第8章\8.wmv"文件开始到第3分钟处。

Step 4 用基本几何体制作出如图8-84所示的模型。制作过程参见视频教程。

图8-84

以上步骤的操作录像参考本书2号光盘"视频教学\第8章\8.wmv"文件第3分钟到第7分钟20秒处。

Step 5 在模型上添加曲线,并且调整模型的形状。选择模型上的面,如图8-85所示,单击 Bevel 按钮右边的 □ 按钮,在弹出的对话框中设置斜角挤压参数,将模型连续挤压到如图8-86所示的形状。

图8-85   图8-86

Step 6 将模型另一侧的面挤压到如图8-87所示的形状,然后按【Delete】键,将面删除。然后选择另一侧挤压延伸到这边的面,如图8-88所示,按【Delete】键删除。然后选择图8-89中所示的边缘曲线,单击 Bridge 按钮,在曲线之间搭建一个面,如图8-90所示。

8
Chapter

1
Chapter
(p1~14)

2
Chapter
(p15~52)

3
Chapter
(p53~98)

4
Chapter
(p99~140)

5
Chapter
(p141~178)

6
Chapter
(p179~212)

7
Chapter
(p213~240)

8
Chapter
(p241~272)

图8-87　　　　　　　　　　　　　图8-88

　　　　　　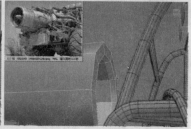

图8-89　　　　　　　　　　　　　图8-90

提　示　　　　　　Bridge（搭桥）：不仅可以把两条边界连接起来，还可以单击□按钮来进行搭桥的高级设置，比如，新生成多边形面的形状和边线数量等。

　　以上步骤的操作录像参考本书2号光盘"视频教学\第8章\8.wmv"文件第7分钟20秒到第12分钟处。

Step7　单击鼠标右键，在弹出的快捷菜单中选择 NURMS Toggle 命令，将模型平滑显示，如图8-91所示。然后我们制作出炮中间的模型，形状如图8-92所示。制作完成的大炮模型如图8-93所示。

　　　　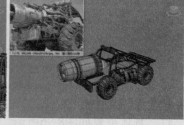

图8-91　　　　　　　　　图8-92　　　　　　　　　图8-93

　　以上步骤的操作录像参考本书2号光盘"视频教学\第8章\8.wmv"文件第12分钟到视频结束处。

Step8　最后我们依次制作出其他的模型。最终制作完成的模型如图8-94所示。

图8-94

　　以上步骤的操作录像参考本书2号光盘"视频教学\第8章\9.wmv"文件。

8.5 灯光的设置

重点提示：本章我们通过制作一个战车来体验VRay强大的渲染功能。

首先设置场景中的灯光。

Step 1 打开本书2号配套光盘"视频教学\第8章"目录下的"max完成.max"场景文件，这是本例制作的模型，如图8-95所示。

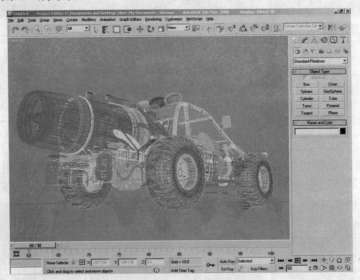

图8-95

Step 2 首先来设置主光源。在 建立命令面板中单击 **Target Spot** 按钮，在场景中建立两盏目标聚光灯，具体位置如图8-96所示。

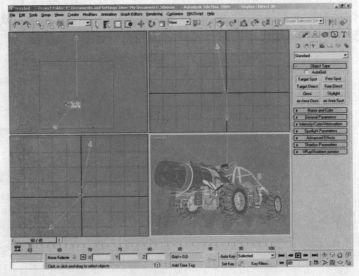

图8-96

8 Chapter

1
Chapter
(p1~14)

2
Chapter
(p15~52)

3
Chapter
(p53~98)

4
Chapter
(p99~140)

5
Chapter
(p141~178)

6
Chapter
(p179~212)

7
Chapter
(p213~240)

8
Chapter
(p241~272)

Step 3 在修改命令面板中设置目标聚光灯参数如图8-97和8-98所示。

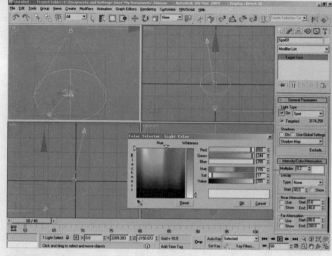

图8-97

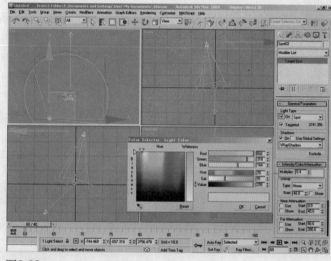

图8-98

Step 4 接下来设置辅助光源面光源。在 建立命令面板中单击 VRayLight 按钮，在场景中建立四盏面光源，具体位置如图8-99所示。

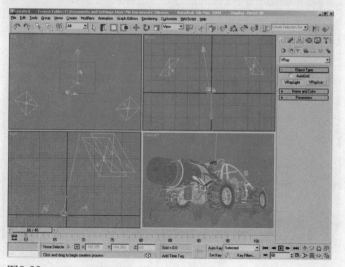

图8-99

在修改命令面板中设置面光源参数如图8-100~图8-103所示。

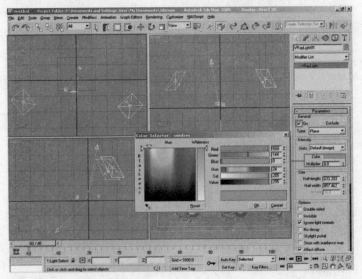

图8-100

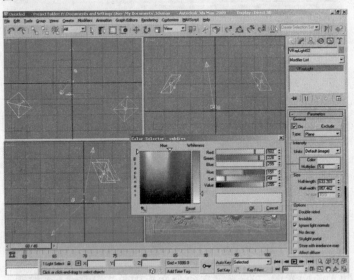

图8-101

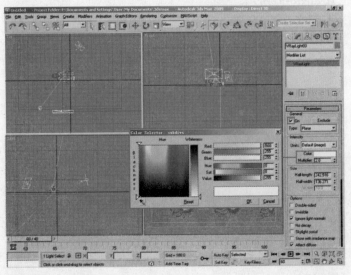

图8-102

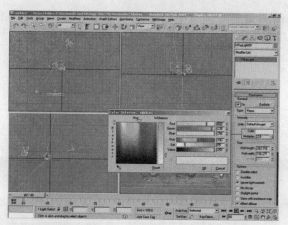

图8-103

8.6 渲染设置

3ds max VRay

重点提示：在VRay菜单中设置渲染参数。

下面我们来进行渲染设置。

Step 1 按【F10】键打开渲染对话框，设置当前渲染器为VRay，如图8-104所示。

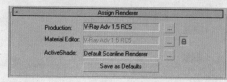

图8-104

Step 2 下面我们来设置场景的照明贴图。打开 V-Ray:: Image sampler (Antialiasing) 卷展栏，设置抗锯齿参数如图8-105所示。

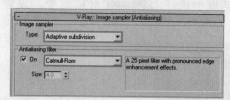

图8-105

Step 3 在 V-Ray:: Indirect illumination (GI) 卷展栏中，设置参数如图8-106所示。这是间接照明参数。

图8-106

Step 4 在 V-Ray:: Irradiance map 卷展栏中设置参数如图8-107所示。

图8-107

Step 5 在 V-Ray:: Light cache 卷展栏设置参数如图8-108所示。这是灯光贴图设置。

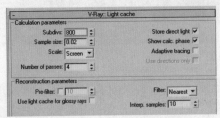

图8-108

Step 6 在 V-Ray:: rQMC Sampler 卷展栏设置参数如图8-109所示。这是准蒙特卡罗采样设置。

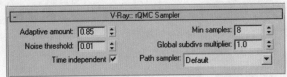

图8-109

Step 7 在 V-Ray:: Environment 卷展栏中激活 GI Environment (skylight) override 区域的 On 复选框，设置天光色为蓝色，具体参数设置如图8-110所示。

图8-110

下面我们来测试灯光效果。

Step 8 按【M】键打开材质编辑器，选择一个空白样本球，单击 Standard 按钮，在弹出的 Material/Map Browser 对话框中选择 VRayMtl 材质类型。设置Diffuse的颜色为灰色，如图8-111所示。

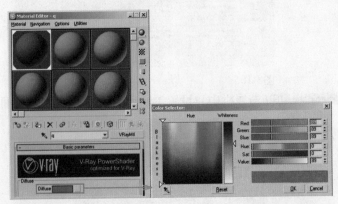

图8-111

按【F10】键打开渲染对话框，在 V-Ray:: Global switches 卷展栏激活 Override mtl: 复选框，然后将刚才在材质编辑器中的这个材质拖动到 Override mtl: 复选框旁边的贴图按钮上，如图8-112所示。

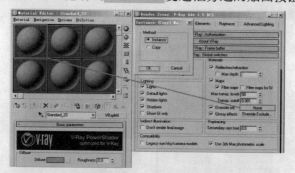

图8-112

此时的渲染效果如图8-113所示。测试完成后将 Override mtl: 复选框关闭。

图8-113

8.7 设置战车的材质

重点提示：使用VRayMtl材质类型和标准材质类型来设置战车的材质。

8.7.1 设置生锈金属材质

打开材质编辑器，设置材质样式为 VRayMtl专用材质，设置Diffuse贴图为本书2号配套光盘maps目录下的"rust_color.jpg"文件，具体参数设置如图8-114所示。

图8-114

8
Chapter

1
Chapter
(p1~14)

2
Chapter
(p15~52)

3
Chapter
(p53~98)

4
Chapter
(p99~140)

5
Chapter
(p141~178)

6
Chapter
(p179~212)

7
Chapter
(p213~240)

8
Chapter
(p241~272)

打开Maps卷展栏，设置Reflect贴图为本书2号配套光盘maps目录下的"rust_spec2.jpg"文件，设置贴图强度为20；同时设置Bump贴图为本书2号配套光盘maps目录下的"rust_bump.jpg"文件，设置贴图强度为15，具体参数设置如图8-115所示。

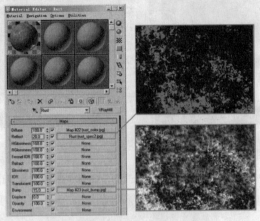

图8-115

8.7.2 设置轮胎材质

打开材质编辑器，设置材质样式为标准材质，设置Shader类型为Blinn方式，设置Diffuse贴图为本书2号配套光盘maps目录下的"轮胎贴图.jpg"文件，具体参数设置如图8-116所示。

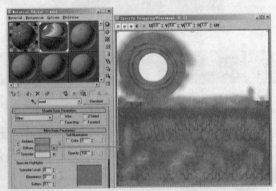

图8-116

打开Maps卷展栏，设置Specular Color、Bump和Displacement贴图为本书2号配套光盘maps目录下的"轮胎贴图.jpg"文件，设置Bump贴图强度为400，设置Displacement贴图强度为15，具体参数设置如图8-117所示。

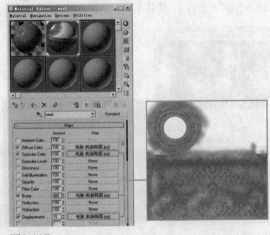

图8-117

8.7.3 设置轮胎纹材质

Step 1 打开材质编辑器，设置材质样式为标准材质，设置Shader类型为Blinn方式，设置Diffuse贴图为本书2号配套光盘maps目录下的"轮胎纹.jpg"文件，具体参数设置如图8-118所示。

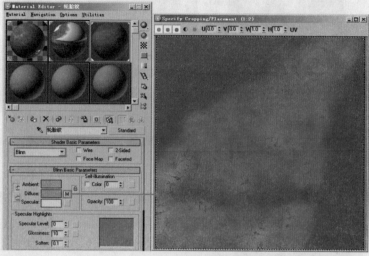

图8-118

Step 2 打开Maps卷展栏，设置Bump和Displacement贴图为本书2号配套光盘maps目录下的"轮胎纹.jpg"文件，设置Bump贴图强度为400，设置Displacement贴图强度为40，具体参数设置如图8-119所示。

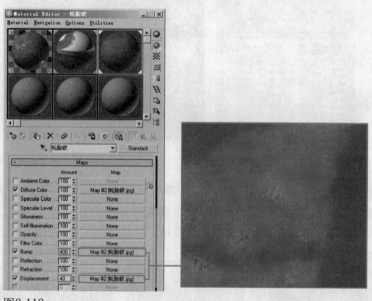

图8-119

8.7.4 设置铁锈材质

Step 1 打开材质编辑器，设置材质样式为 VRayMtl 专用材质，设置Diffuse贴图为本书2号配套光盘maps目录下的"hierro.jpg"文件，同时激活菲涅尔反射效果，具体参数设置如图8-120所示。

8
Chapter

1
Chapter
(p1~14)

2
Chapter
(p15~52)

3
Chapter
(p53~98)

4
Chapter
(p99~140)

5
Chapter
(p141~178)

6
Chapter
(p179~212)

7
Chapter
(p213~240)

8
Chapter
(p241~272)

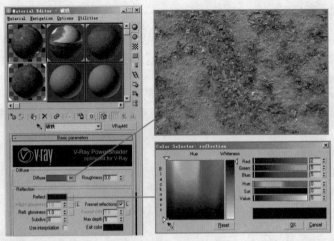

图8-120

Step 2 打开Maps卷展栏，设置Displace贴图为本书2号配套光盘maps目录下的 "hierro-displace.jpg" 文件，设置贴图强度为1.0，具体参数设置如图8-121所示。

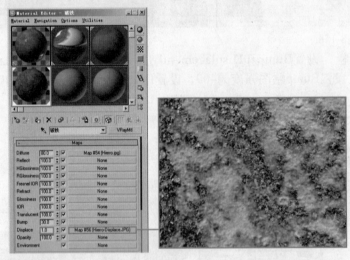

图8-121

8.7.5 设置铁质材质

Step 1 打开材质编辑器，设置材质样式为标准材质，设置Shader类型为Blinn方式，在Diffuse通道中添加一个Mix贴图，具体参数设置如图8-122所示。

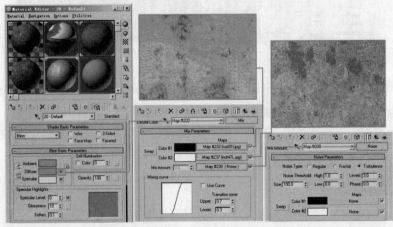

图8-122

Step 2 打开Maps卷展栏，设置Specular Color和Specular Level贴图为本书2号配套光盘maps目录下的
"panl06L.jpg"文件，具体参数设置如图8-123所示。

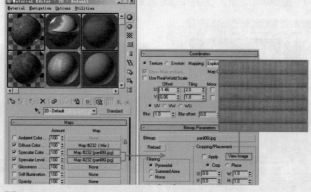

图8-123

Step 3 在Maps卷展栏中，将Diffuse贴图关联复制到Bump通道中，设置贴图强度为60，具体参数设
置如图8-124所示。

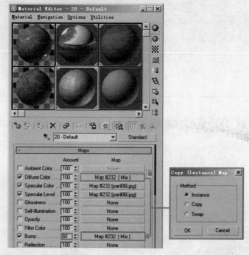

图8-124

8.7.6 设置红色油漆材质

Step 1 打开材质编辑器，设置材质样式为 VRayMtl 专用材质，设置Diffuse贴图为本书2号配套光盘
maps目录下的"metalscratches0007_s_diffuse.jpg"文件，具体参数设置如图8-125所示。

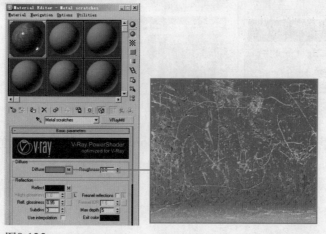

图8-125

打开Maps卷展栏，设置Reflect贴图为本书2号配套光盘maps目录下的"metalscratches0007_s_reflect.jpg"文件，设置贴图强度为14，同时设置Bump贴图为本书2号配套光盘maps目录下的"metalscratches0007_s_bump.jpg"文件，设置贴图强度为50，具体参数设置如图8-126所示。

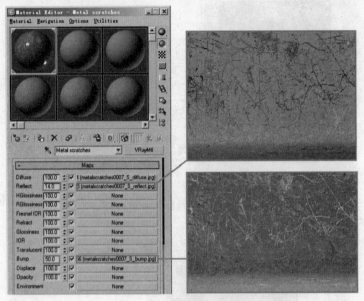

图8-126

8.7.7 设置车座材质

打开材质编辑器，设置材质样式为 VRayMtl 专用材质，在Diffuse通道中添加一个Mix贴图，具体参数设置如图8-127所示。

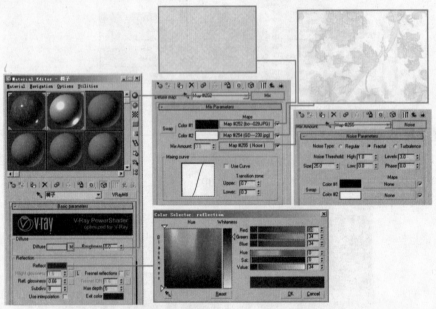

图8-127

打开Maps卷展栏，在Bump通道中添加一个Noise贴图，设置贴图强度为40，参数设置如图8-128所示。

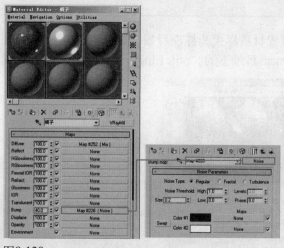

图8-128

8.7.8 设置软管材质

Step 1 打开材质编辑器，设置材质样式为 ⚫VRayMtl专用材质，设置Diffuse颜色为灰白色，同时激活菲涅尔反射效果，参数设置如图8-129所示。

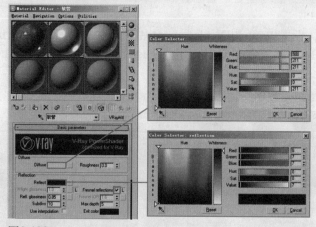

图8-129

Step 2 打开Maps卷展栏，在Bump通道中添加一个Tiles贴图，设置贴图强度为80，参数设置如图8-130所示。

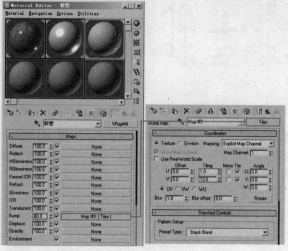

图8-130

8.7.9 设置地面材质

Step 1 打开材质编辑器，设置材质样式为标准材质，设置Shader类型为Blinn方式，设置Diffuse贴图为本书2号配套光盘maps目录下的"ptile1.jpg"文件，具体参数设置如图8-131所示。

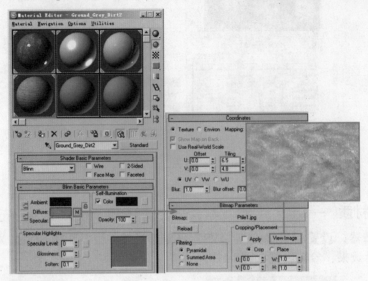

图8-131

Step 2 打开Maps卷展栏，设置Bump和Displacement贴图为本书2号配套光盘maps目录下的"ptile1.jpg"文件，设置Bump贴图强度为459，设置Displacement贴图强度为2.0，具体参数设置如图8-132所示。

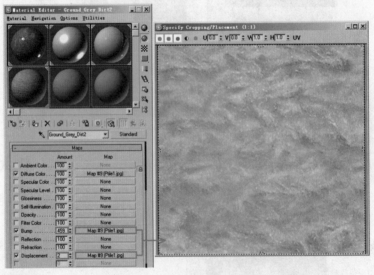

图8-132

8.7.10 设置石头材质

Step 1 打开材质编辑器，设置材质样式为 **VRayMtl** 专用材质，设置Diffuse贴图为本书2号配套光盘maps目录下的"metalscratches0007_s_diffuse.jpg"文件，同时激活菲涅尔反射效果，具体参数设置如图8-133所示。

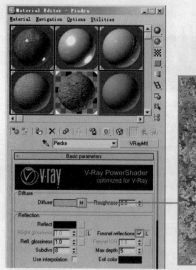

图8-133

Step 2 打开Maps卷展栏，设置Bump和Displace贴图为本书2号配套光盘maps目录下的"piedra-displace.jpg"文件，设置Bump贴图强度为60，设置Displace贴图强度为0.2，具体参数设置如图8-134所示。

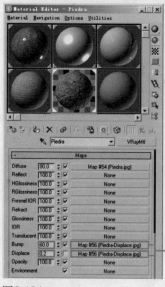

图8-134

8.7.11 设置植物材质

打开材质编辑器，设置材质样式为 ● VRayMtl 专用材质，在Diffuse通道中添加一个Falloff贴图，具体参数设置如图8-135所示。

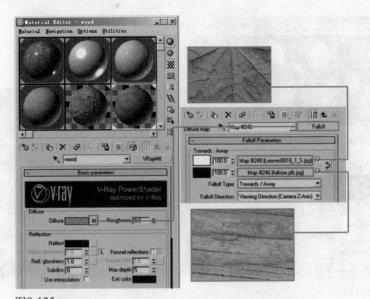

图8-135

到此，场景中的材质设置完成，最终渲染效果如图8-136所示。

图8-136